자취요리 대작전

자취요리 대작전

2010년 5월 25일 초판 1쇄 발행

펴낸곳 (주)도서출판 **삼인**

지은이 박성린
펴낸이 신길순
부사장 홍승권
책임편집 강주한 이시우
편집 김종진 오주훈 서정혜 양경화
마케팅 이춘호 한광영
관리 심석택
총무 서장현

등록 1996.9.16. 제 10-1338호
주소 121-837 서울시 마포구 서교동 339-4 가나빌딩 4층
전화 (02) 322-1845
팩스 (02) 322-1846
전자우편 saminbooks@naver.com
홈페이지 www.saminbooks.com

디자인 (주)끄레어소시에이츠
제판 스크린그래픽센터
인쇄 대정인쇄
제본 성문제책

ISBN 978-89-6436-011-8 03590

값 9,500원

만화로 따라 하는 자취요리

자취요리 대작전

박성린 지음

삼인

책을 내면서

태어나서 처음 제 손으로 만들어서 먹어본 음식은 인스턴트 라면인 것으로 기억합니다. 초등학교가 국민학교로 불리던 때 4학년이었는지 5학년이었는지 확실치는 않습니다. 그때 끓여먹은 라면 이름이 뭐였는지도 기억이 안 나는군요.

중학생이 되어서는 가끔 혼자 차려먹어야 할 때 저 혼자 이것저것 집어넣어 밥을 비벼먹거나 볶아먹거나 하는 방법들을 터득했습니다. 저만의 비법 내지는 실험정신을 발휘해 이것저것 대충 해먹었습니다. 당시 제 실험정신의 압권은 미원을 찻숟갈 하나 정도 넣어 비벼먹는 '미원소금비빔밥'과, 냄비에 라면을 끓이면서 생달걀도 함께 넣어 삶아먹는 이른바 '삶은계란라면'이었습니다.

그냥계란

어머니! 상추가
많이 남았는데
어떡하죠?
간장이랑
다진마늘
고추가루 넣고
무쳐먹어 ~

그러다 나름대로는 밥을 제대로 해먹기 시작한 것은 대학에 가서 자취를 하면서부터였습니다. 특히 군 제대 후 친구들 여럿과 함께 자취를 하며 선배의 혹독한(?) 지도 아래 밥하는 법을 본격적으로 배우기 시작했습니다. 그러다 다른 음식이 먹고 싶어지면 어머니에게 전화해서 조리법을 여쭤보고 따라해본 것이 내가 요리를 배운 방법이었습니다.

그 시절 제가 제일 잘하는 건 냉장고 안에 굴러다니던 식재료들을 말 그대로 대충 때려넣고 만든 정체불명의 볶음밥이었습니다. 음식 만드는 걸 좋아하고 즐긴다는 것을 스스로 발견한 시절이었습니다.

별로 맛없던데...
잠깐 기다려봐!
맛있는 볶음밥을
해주지 ~
네~~

그리고 대학을 졸업할 즈음에,
대학시절 내내 만평을 연재했던 모교의 학보에 '자취생을 위한 생활 가이드'를 주제로 요리 만화를 실었던 것이 이 책의 첫걸음이었습니다. 그 뒤로 월간《우리만화》에 연재를 해온 만화들을 모아 이제야 출간하게 됐습니다.

제가 그렸던 만화들을 다시 보면 볼수록 부끄럽습니다. 그동안 더 많은 성과를 이루지 못한 나 자신의 게으름에 대한 서늘한 자책감만이 머리와 가슴속을 채웁니다.

더불어 아무 생각 없이 대충대충 몸으로 부딪치며 배워온 요리들을 감히 전문가인 척하며 세상에 내놓는다는 것에 대한 부끄러움과 두려움도 함께 밀려옵니다. 아마추어의 요리법에 당연히 있을 실수와 잘못을 너그러이 용서해주시기 바랍니다.

정말 정말
감사합니다!

만화 그린다며 속만 썩이고 아들 노릇 제대로 하지 못하는 철없는 자식을 늘 믿고 지켜봐주시는 부모님과 장인장모님께 먼저 감사의 말씀을 올립니다. 늘 폐만 끼치는 제자에게 애정 어린 말씀으로 힘을 주시는 '우리만화연대'의 선생님들과 선배 · 동료 · 후배님들 감사합니다. 게으른 친구 진상 참아주며 힘들 때나 기쁠 때나 함께 그 시간을 나누어온 친구들 감사합니다. 오랜 동무이자 내 첫 책을 만들어준 강주한 편집장과 삼인출판사 식구들에게 고마운 마음 가득합니다.

늘 고생만 시키는 남편을 언제나 믿으며 힘이 되어준, 사랑하는 아내 송은영에게 특별한 감사의 마음 담아 이 책을 바칩니다.

2010년 5월 박성린

자취요리 실는 순서

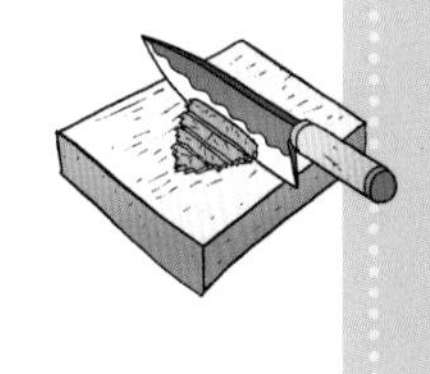

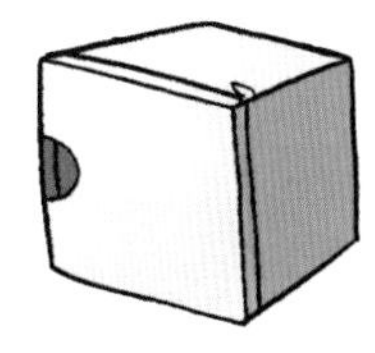

프롤로그

컵라면

독립했다.
나만의 생활 공간
그리고 오늘의 식사···
컵라면
······
·········
일주일 외식, 보름 면식, 가게에서 파는 컵라면은 모두 먹어 보았다.
그만!!!
········
반드시 요리를 배워 내 손으로 밥을 해먹을 테닷!!
자취생 A-Z 완벽정리

밥

한국인 생존의 최소조건
밥이 필요하다!!!

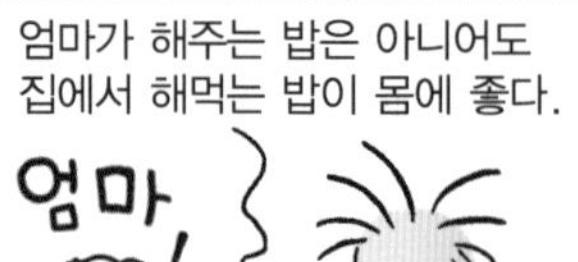

엄마가 해주는 밥은 아니어도
집에서 해먹는 밥이 몸에 좋다.

엄마~!

맛있는 밥을 스스로 만드는 법!
처음부터 시작해보자.

먼저 재료
쌀 1공기
(2~3인분)
전기밥솥
물

쌀에 물을 붓고

손으로 휘휘 저으며 씻는다.

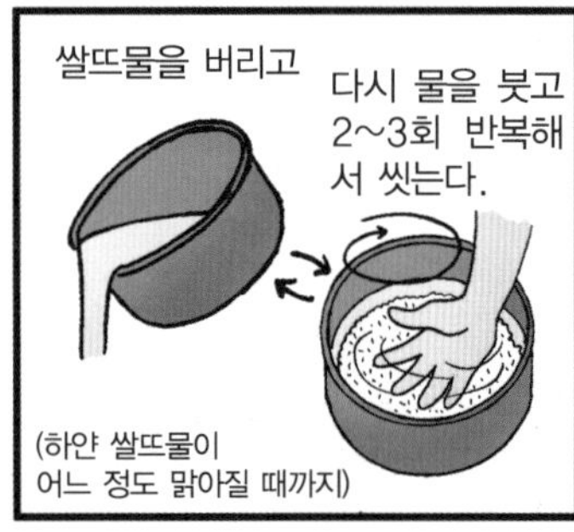

쌀뜨물을 버리고
다시 물을 붓고
2~3회 반복해
서 씻는다.
(하얀 쌀뜨물이
어느 정도 맑아질 때까지)

쌀밥의 핵심 밥물 맞추기! 손등
에 찰랑거리듯 1.5cm 정도 물
높이를 맞춰준다.

밥통의 '취사'를 선택하고
기다린다.

밥이 다 되면 주걱으로
위아래, 겉과 속을 완전히
뒤집어준다.
(안 섞으면 밥이 떡처럼 굳는다.)

보온 보관시에는 밥을
가운데로 동그랗게
모아준다.

드디어 밥!
그런데
반찬…이 없군…

자취생의 영원한 로망~
인스턴트 라면!!!
라면

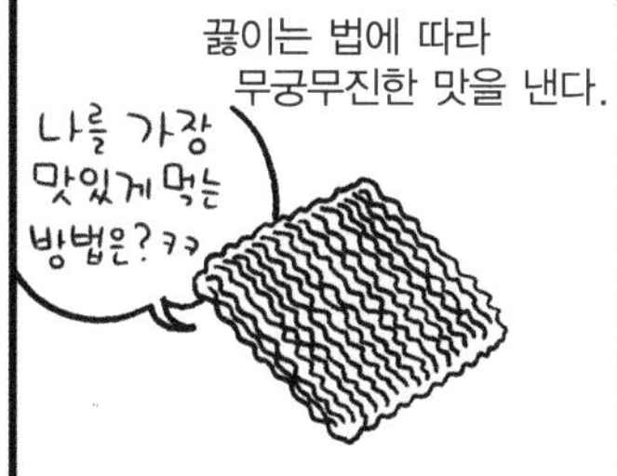
끓이는 법에 따라
무궁무진한 맛을 낸다.
나를 가장
맛있게 먹는
방법은? ㅋㅋ

가장 쉽지만 가장 어려운
라면 맛있게 끓이는 법!
이..이건
아니야~!!!
으악~!

다음 재료를 준비하자.(1인분)
라면 1개
계란 1개
대파
5~10cm
고춧가루 밥숟갈 1/3

보통 머그컵 2잔 정도
물을 붓는다.

물을 끓이는 동안
스프를 미리 넣는다.

물이 완전히 끓으면
면과 파를 넣는다.

면이 익는 동안 면을 국물 속에
넣었다 꺼냈다 반복해준다.
(면이 쫄깃해진다.)

2분 정도 지나 반쯤 익었을 때
계란과 고춧가루를 넣는다.

2분 정도 더 끓인 후 완전히 익
기 전, 불을 끄고 뚜껑을 닫은
채로 30초가량 뜸을 들인다.

맛있게 먹자~!

여전히
반찬이 없다
....

콩나물국

콩나물

언제든 싸고 쉽게 구할 수 있는 한국인의 대표 반찬!

콩나물 천원어치
주세요~

그래서 잔뜩 사게 되면…

자 천원어치~
아…
네…

먼저 콩나물국을 끓이자.

콩나물
소금
대파
반 뿌리
다진마늘
1~2개
고춧가루 약간

원래는 다듬어야 하지만 자취생에게 그런 정성을 기대할 수는 없다. 그냥 먹어도 괜찮다.

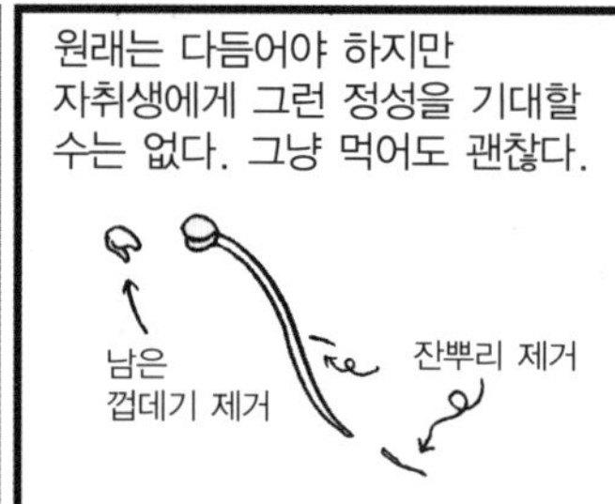
남은
껍데기 제거
잔뿌리 제거

콩나물을 씻는다.

냄비에 콩나물이 완전히 잠기도록 물을 붓는다.

마늘과 대파, 소금을 넣는다.

뚜껑을 닫고 끓인다.
(중간에 뚜껑을 열면 비린내가 난다.)

구수한 콩냄새가 나기 시작하면 다 익었다. 파, 소금 등을 이때 넣어도 좋다.

따로 떠서 먹자. 입맛에 따라 고춧가루를 넣어 먹는다.

남은 콩나물국은 냉장고에 보관해서 여름철 냉국으로 먹어도 좋다. 혹은 그대로 라면을 끓이면 콩나물해장라면이 된다.

한국인 밑반찬의 대표
콩나물무침!
콩나물 팍팍 무쳤냐?

한번 팍팍 무쳐보자.
팍팍

재료는
콩나물
다진마늘 1~2개
다진파
간장 밥숟갈 1
고춧가루 밥숟갈 1/2~1
참기름 찻숟갈 1

콩나물을 삶는다.
(구수한 콩냄새가 날 때까지)

삶은 콩나물을 찬물에 헹군다.
(얼음물이면 더 좋다. 아삭해진다.)

체에 받쳐 물기를 완전히 빼고

다진마늘, 파, 고춧가루,
참기름, 간장을 넣고

팍팍! 무친다.
너무 약해! 더 강하게!!

접시에 담으면 완성~!

맛있게 먹자~!

슥—

팍팍!
아~♥ 그래~ 이거야~ 팍팍!

김치 콩나물국

모든 한국음식 반찬의 핵심
김치!!

김치가 생겼다!
만세!!!

김치 요리를 알아보자.
참치

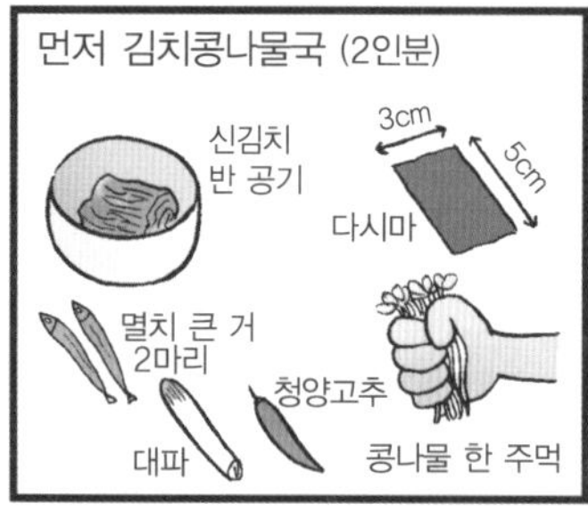
먼저 김치콩나물국 (2인분)
신김치
반 공기
3cm
5cm
다시마
멸치 큰 거
2마리
청양고추
대파
콩나물 한 주먹

라면냄비에 물을 절반쯤 넣고
잘은 콩나물, 멸치,
다시마를 넣는다.

5분 정도 뚜껑을 닫고
푹 끓인다.

신김치와 다진청양고추를 넣는다.

다시마와 멸치는 건져내고
소금으로 간을 맞춘다.

3분 정도 더 끓인 후 파를 넣고
2분 정도 더 끓인다.

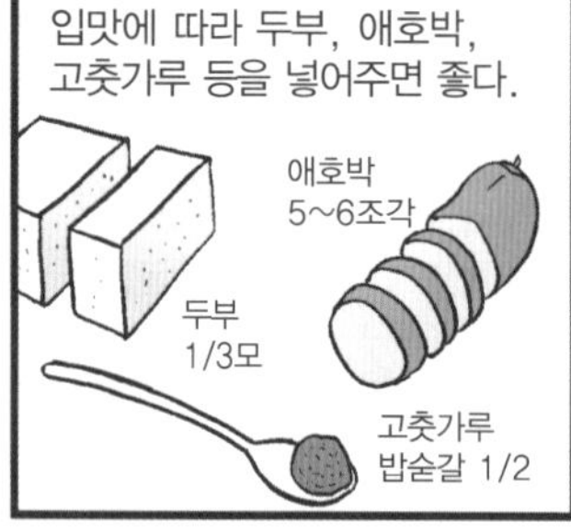
입맛에 따라 두부, 애호박,
고춧가루 등을 넣어주면 좋다.
애호박
5~6조각
두부
1/3모
고춧가루
밥숟갈 1/2

시원하고 칼칼한
김치콩나물국 완성~!

음....
뭔가 부족해...

신김치!

공기밥을 만났을 때
난 찬밥...이제 곧 버림받겠지? 흑...

무슨소리! 우리 새로운 인생을 만들어 보자! 나만 믿어~
정말~?!

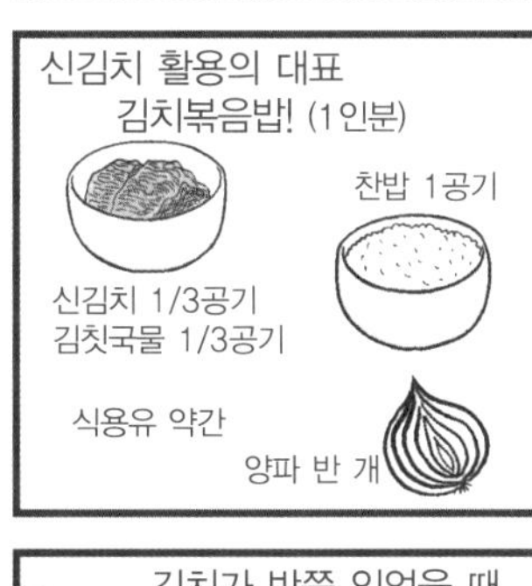
신김치 활용의 대표 김치볶음밥! (1인분)
찬밥 1공기
신김치 1/3공기
김칫국물 1/3공기
식용유 약간
양파 반 개

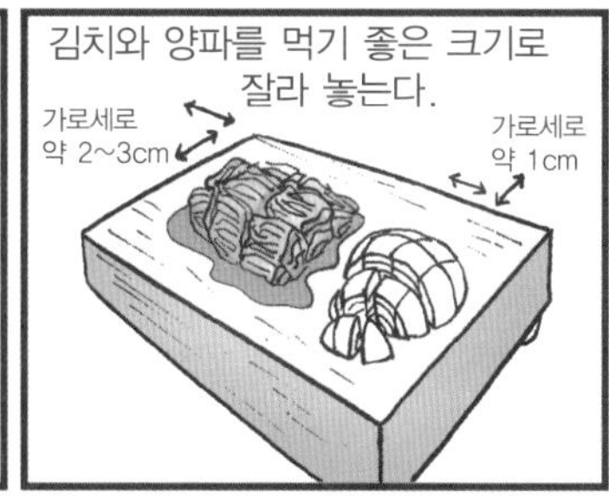
김치와 양파를 먹기 좋은 크기로 잘라 놓는다.
가로세로 약 2~3cm
가로세로 약 1cm

프라이팬에 식용유를 두르고 김치와 양파를 볶는다.

김치가 반쯤 익었을 때 김칫국물과 밥을 넣고 볶는다.

김칫국물은 밥알을 잘게 부수며 양념 역할도 한다.(김칫국물이 모자라면 물을 조금 넣는다.)

국물이 없어질 때까지 볶는다.
(마가린이나 버터를 넣어도 좋다.)

중불로 볶음밥 바닥을 살짝 태워서 긁어 먹으면 맛있다.

아싸~ 맛있겠다~
득 득

금속 숟가락으로 너무 세게 긁으면 프라이팬 코팅이 벗겨진다. 주의할 것~

김치 볶음

김치는 죽지 않는다.

다만 시어질 뿐!

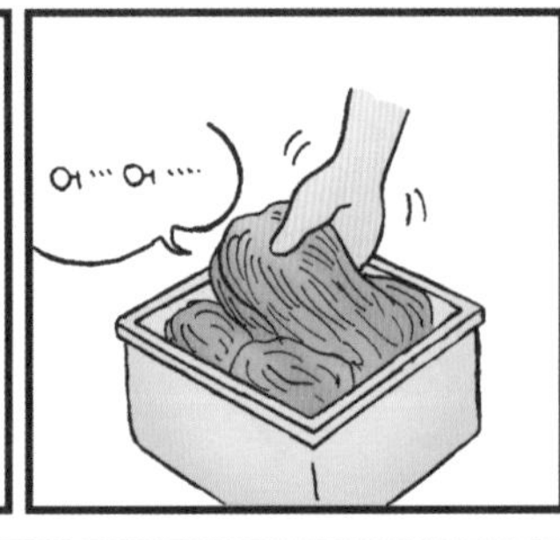
어…어….

김치볶음을 만들어보자.

신김치
날 어쩌려는거냐! ??!!!

식용유, 혹은 들기름이 필요하다.

김치속을 털어낸다.
(귀찮거나 속이 아까우면 그냥 해도 된다.)

먹기 좋게 잘게 썰고

무로 만든 나박지도 썰어준다.

프라이팬에 김치를 넣고 볶는다.

4~5분 볶은 후에 김치가 잠길 정도로 물을 붓고 끓인다.

물이 대부분 쫄아들면 들기름을 넣고 살짝 볶는다.

반찬통에 담고 두고두고 먹자. 김치를 볶으면 발효균이 죽어서 시어지는 것을 막을 수 있다.

잘먹겠습니다 ~!!

그렇게 볶음김치는 죽지 않는다.

다만 썩어갈 뿐…

나를 잊었구나..흑!

계란찜

계란을 샀다. 한 판 30개.

가장 흔하게는 부쳐먹지만

계란 찜이
먹고싶다!

재료는 (2인분)

계란 2개
건새우
3마리
대파
10cm
소금
찻숟갈 1/2
다시마
그리고 물

작은 냄비에 물(머그컵 한 잔 반), 다시마, 건새우를 넣고 끓인다.

물이 팔팔 끓어오르면 대파와 소금을 넣고 물이 반 정도 쫄아들때까지 끓인다.

건더기를 걸러내고 국물만 뚝배기에 옮긴다.

뚝배기가 달아오르는 동안 계란을 푼다.(최대한 많이 풀어준다.)

좌우 반복

뚝배기가 달궈지고 물이 끓어오르면 계란을 넣고 잘 풀어준다.

중불로 낮추고 3분 정도 익히면 다시 덩어리가 지고 국물이 위에 살짝 남는다.

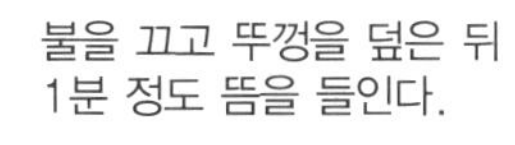
불을 끄고 뚜껑을 덮은 뒤 1분 정도 뜸을 들인다.

부드럽게 익은 계란찜 완성!

그러나 밥이 아직 안 됐다···

계란말이

가장 흔하면서도 은근히
까다로운 음식 계란말이!

보통 날라다니게 마련이다.

누구에게나 환영받는 반찬
계란말이에 도전해보자.

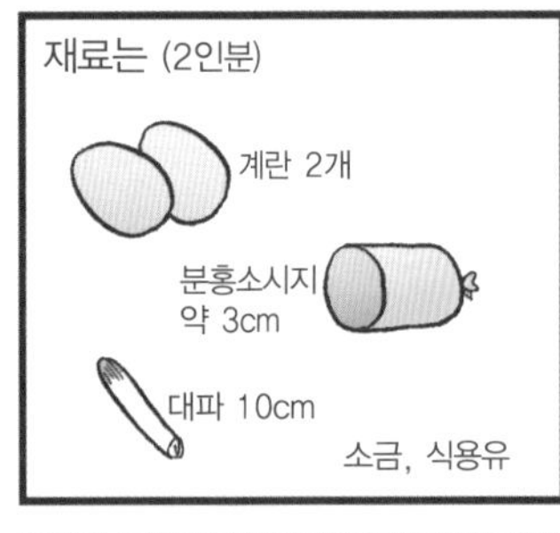
재료는 (2인분)
계란 2개
분홍소시지
약 3cm
대파 10cm
소금, 식용유

파를 최대한 잘게 다듬는다.

소시지도 잘게 다진다.

계란에 소금간을 하고 파와
소시지를 넣고 풀어준다.
(최대한 거품이 많도록)

식용유를 두르고
팬을 달궈놓는다.

중불로 한 상태에서
계란을 1/4 정도
붓는다.

반쯤 익었을 때
살살 말아준다.

프라이팬을 기울여 계란을
아래쪽으로 모은 뒤

계란을 다시 붓는다.
1/4

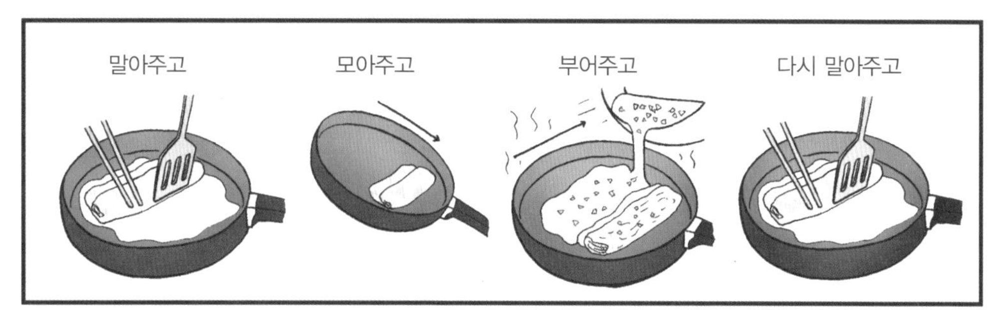
말아주고
모아주고
부어주고
다시 말아주고

양 옆구리쪽을 세워서
완전히 익힌다.

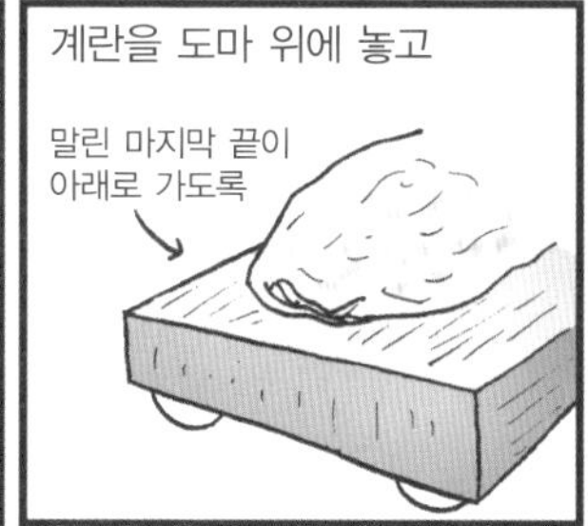
계란을 도마 위에 놓고
말린 마지막 끝이
아래로 가도록

한쪽을 뒤집개로
살짝 눌러
고정시킨 뒤

식칼로 톱질하듯이 자른다.

예쁘게 자른 계란말이를
식칼을 이용해서

접시에 가지런히 담는다.

양파, 당근, 김, 치즈 등을
재료에 추가할 수 있다.
김은
처음 말 때
이 정도만

히히
이제
먹어볼까?

앗!
계란말이는 처음에 성공하기 어렵다.

카레라이스

모두가 좋아하는
간단한 별식 카레!
오늘 저녁은
카레라이스
!!!

3분동안
끓인다!

3분 만에 돈이 거덜날 수 있다.
하.....

가격대 성능 및 장기 보존이
쉬운 카레를 만들어보자.
(2인분)
감자 1개
양파 1개
카레 반 봉지
식용유 밥숟갈 1~2
물 4공기

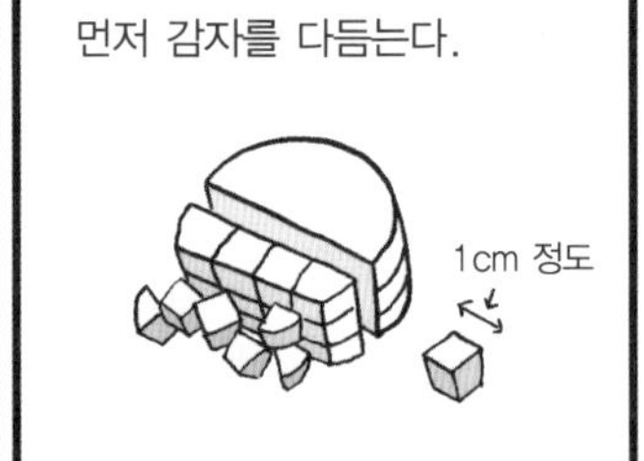
먼저 감자를 다듬는다.
1cm 정도

양파도 다듬고

냄비에 식용유를 두르고 감자를
먼저 볶는다. 타서 눌어붙지
않게 계속 젓는다.

감자가 반쯤 익으면
양파도 넣고 볶는다.

양파가 어느 정도 익으면
물에 갠 카레가루를
넣는다.

카레 덩어리를 잘 풀어주면서
걸쭉해질 때까지 끓인다.

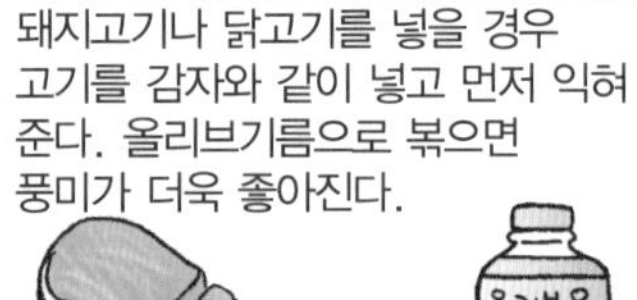
돼지고기나 닭고기를 넣을 경우
고기를 감자와 같이 넣고 먼저 익혀
준다. 올리브기름으로 볶으면
풍미가 더욱 좋아진다.

올리브유
고추와
다진마늘을
넣어도 좋다.

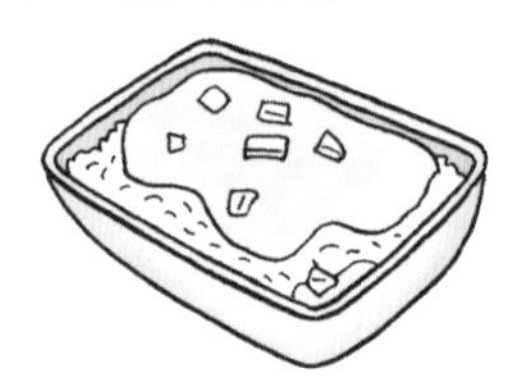
카레라이스 완성! 더운 날만
아니면 상온에서 3일 정도
두고 먹을 수 있다.

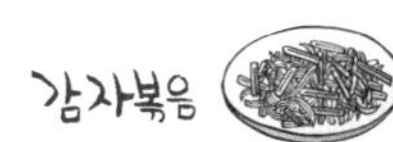
감자볶음

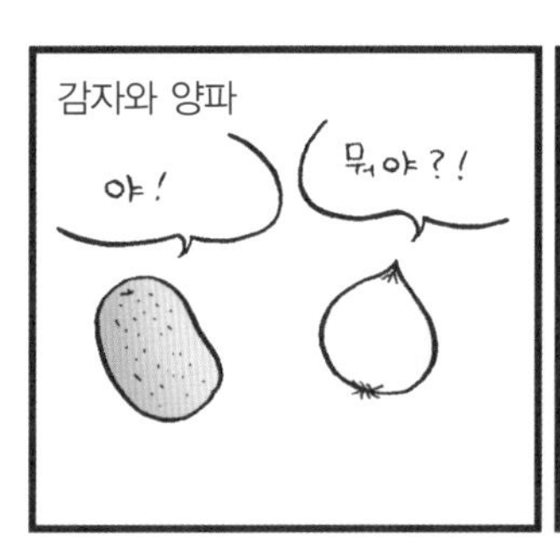
감자와 양파
야!
뭐야?!

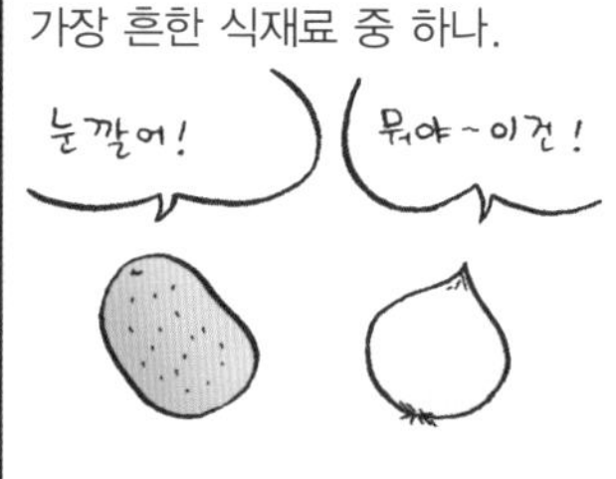
가장 흔한 식재료 중 하나.
눈깔어!
뭐야~이건!

장기 저장이 비교적 용이한 감자와 양파를 이용한 여러 음식들이 있다.
난 감자다!
이게 양파의 매운맛을 모르는구만!

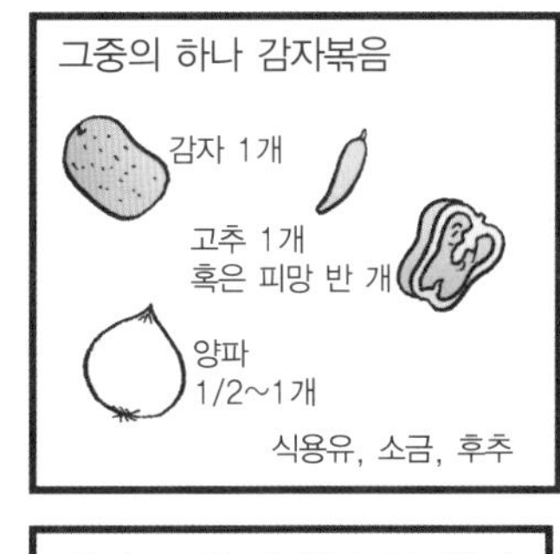
그중의 하나 감자볶음
감자 1개
고추 1개
혹은 피망 반 개
양파
1/2~1개
식용유, 소금, 후추

껍질 벗긴 감자를 다듬는다.

5~10분가량 찬물에 담가
전분을 제거한다.
(볶을 때 덜 달라붙는다.)

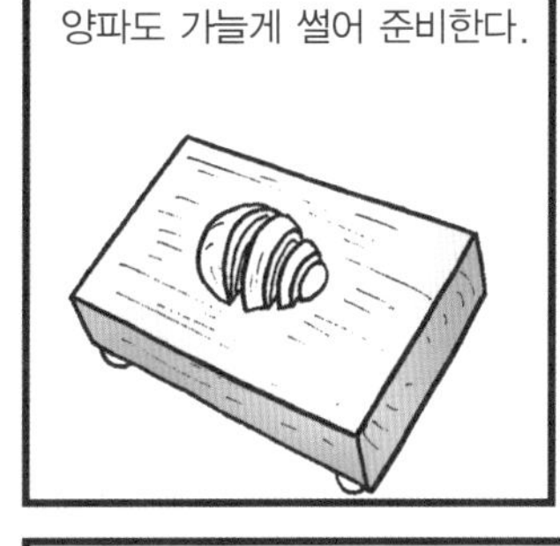
양파도 가늘게 썰어 준비한다.

식용유를 두르고
감자를 먼저 볶는다.

감자가 거의 익으면
양파를 넣고 같이 볶는다.
(피망, 고추가 있으면 같이 볶는다.)

소금과 후추로 간을 하고 2분
정도 더 볶는다.

감자볶음 완성~

왜 양파를 무시하고
감자볶음인거야!
닥쳐!
감자볶음이라잖아!

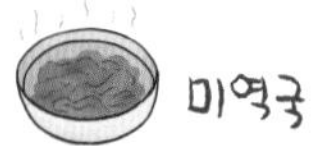

미역국

어머니가 무엇인가 보내셨다.

그것은 건미역!

두고두고 먹을 수 있고 비타민이 풍부한 건미역! 어머니 감사합니다.
근데 뭘 해먹지?

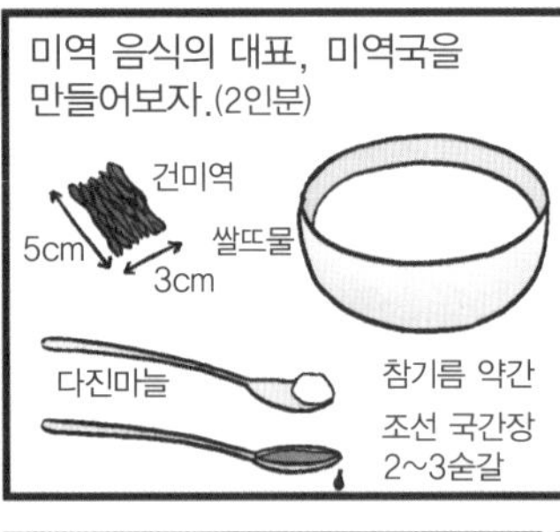

미역 음식의 대표, 미역국을 만들어보자.(2인분)
건미역
5cm
3cm
쌀뜨물
다진마늘
참기름 약간
조선 국간장 2~3숟갈

미역을 찬물에 충분히 불린다.
(1시간에서 하룻밤)

불린 미역을 냄비에 넣고 참기름과 마늘을 넣고 볶는다.
(미역 색이 파래질 때까지)

쌀뜨물을 넣고 끓인다.

국간장으로 간을 한다.
(멸치가루를 조금 넣어도 좋다.)

5분 정도 완전히 끓인 뒤 마지막에 참기름을 살짝 뿌린다.
(찻숟갈 끝에 조금)

바지락, 쇠고기 등을 넣고 끓이면 더 좋다.

미역국 완성~!

… 남은 미역은 언제 다먹나?…
남은 불린 미역

미역냉국

불린 미역이 잔뜩 남았다.
난 어쩔겨?

또 뭘 해먹어야 하나~

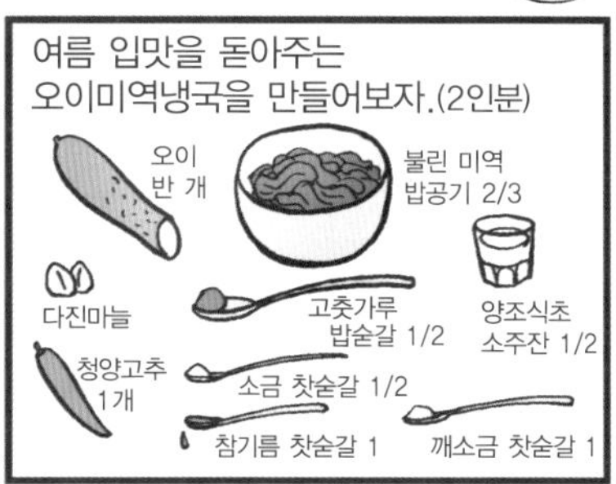
여름 입맛을 돋아주는 오이미역냉국을 만들어보자.(2인분)
오이 반 개
불린 미역 밥공기 2/3
다진마늘
고춧가루 밥숟갈 1/2
양조식초 소주잔 1/2
청양고추 1개
소금 찻숟갈 1/2
참기름 찻숟갈 1
깨소금 찻숟갈 1

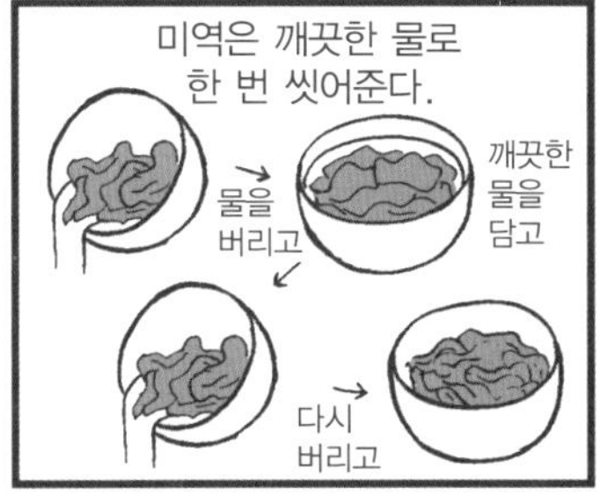
미역은 깨끗한 물로 한 번 씻어준다.
깨끗한 물을 담고
물을 버리고
다시 버리고

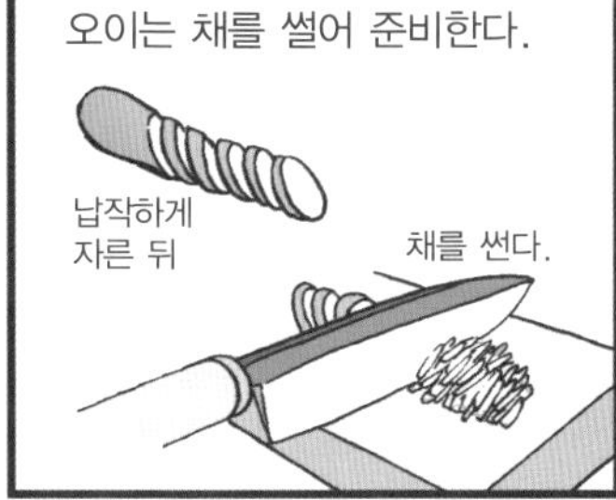
오이는 채를 썰어 준비한다.
납작하게 자른 뒤
채를 썬다.

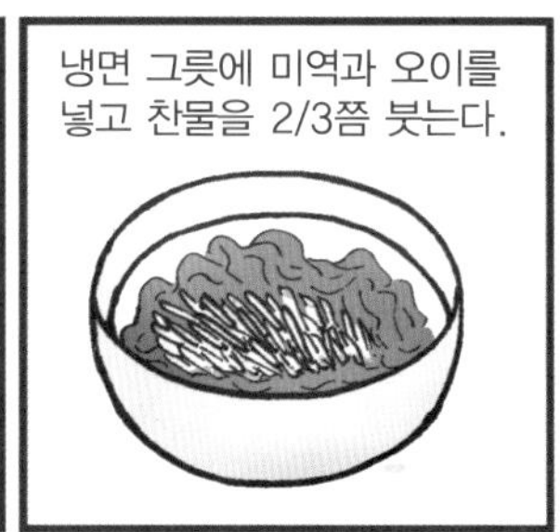
냉면 그릇에 미역과 오이를 넣고 찬물을 2/3쯤 붓는다.

소금을 넣어 잘 녹인 뒤 식초, 다진마늘, 다진고추, 고춧가루를 넣는다.

냉장고에서 30분쯤 차갑게 해준다.

먹기 직전 참기름과 깨소금, 얼음을 넣어주면 완성!

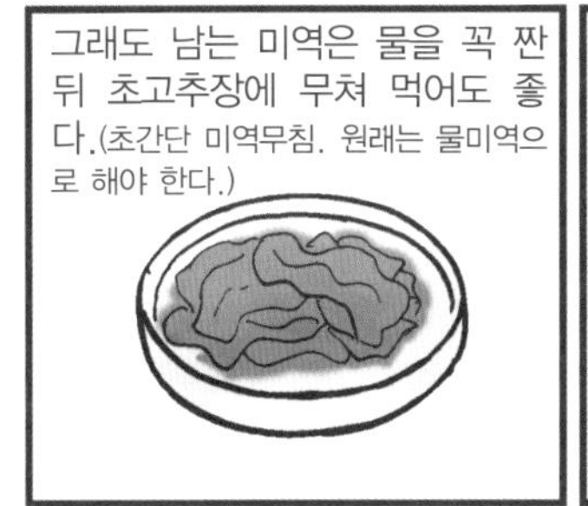
그래도 남는 미역은 물을 꼭 짠 뒤 초고추장에 무쳐 먹어도 좋다.(초간단 미역무침. 원래는 물미역으로 해야 한다.)

자~맛있는 미역....

미역만 4일째..
고기 먹고 싶어
.....

자취요리 필수 도구

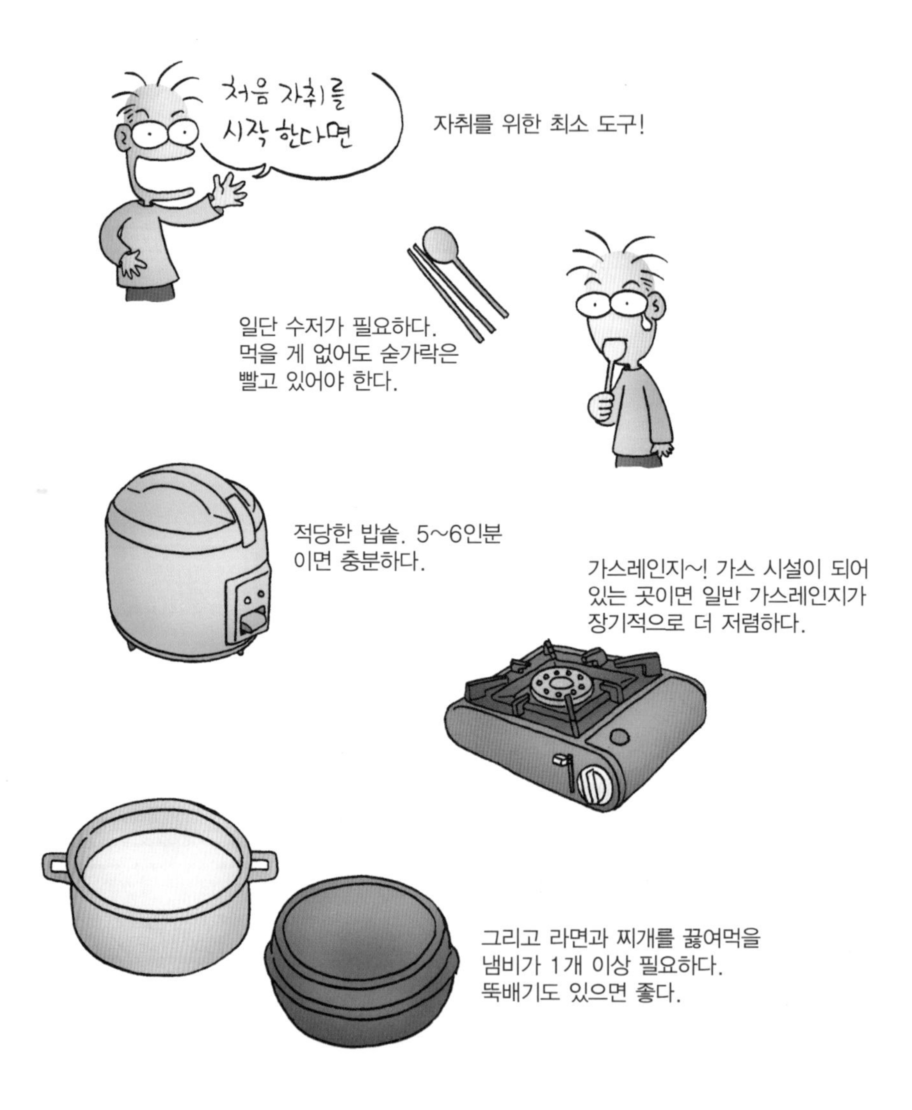
처음 자취를
시작 한다면
자취를 위한 최소 도구!
일단 수저가 필요하다.
먹을 게 없어도 숟가락은
빨고 있어야 한다.
적당한 밥솥. 5~6인분
이면 충분하다.
가스레인지~! 가스 시설이 되어
있는 곳이면 일반 가스레인지가
장기적으로 더 저렴하다.
그리고 라면과 찌개를 끓여먹을
냄비가 1개 이상 필요하다.
뚝배기도 있으면 좋다.

식칼 대신 과도를 쓰려는 사람들이 있다. 오히려 위험하다. 큰 재료는 적당한 크기의 칼로 다뤄야 한다.
도마는 플라스틱보다 나무를 사용하자.
볶음과 부침을 위한 필수 도구 프라이팬~! 세트로 뒤집개가 필요하다.
국자는 여러 용도로 필요하고, 볶음할 때 편하게 쓸 수 있는 나무숟가락도 하나 있으면 좋다.
고기를 구워먹거나 김치를 간편하게 자를 때 사용할 식가위와 집게도 필요하다.
모든준비는 끝났다! 나는 자취생!!
저 바보가 지 밥그릇을 못챙기네?
......
그리고 가장 중요한 거… 냉장고와 밥그릇! 그릇은 가능하면 사발과 냉면그릇 등등 여러 사이즈로 갖춰놓자.

제육볶음

고기가 먹고 싶다.
그러나 삼겹살은 비싸다.
한근 9천원....

비교적 저렴한 고기로
제육볶음을 만들어보자.
한근 4천원!

후지? 후지가 뭐지?

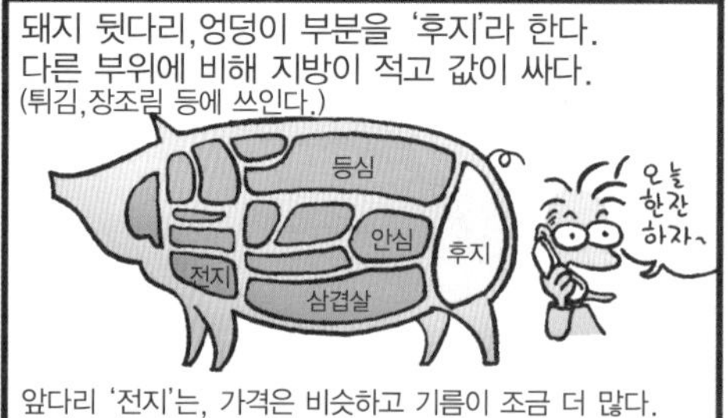

돼지 뒷다리, 엉덩이 부분을 '후지'라 한다.
다른 부위에 비해 지방이 적고 값이 싸다.
(튀김, 장조림 등에 쓰인다.)
등심
안심
후지
전지
삼겹살
오늘 한잔 하자~
앞다리 '전지'는, 가격은 비슷하고 기름이 조금 더 많다.

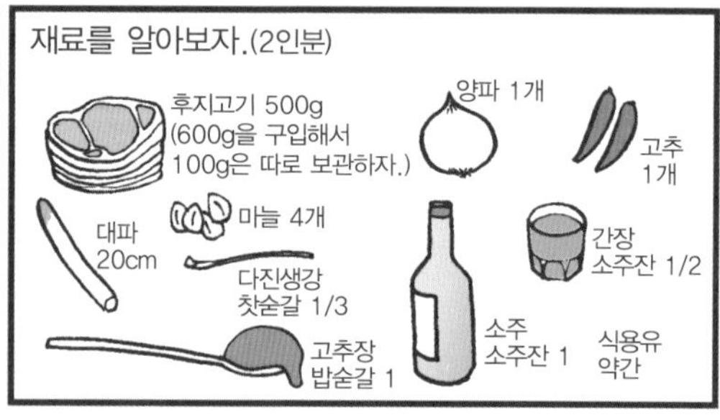

재료를 알아보자.(2인분)
후지고기 500g
(600g을 구입해서
100g은 따로 보관하자.)
양파 1개
고추
1개
대파
20cm
마늘 4개
다진생강
찻숟갈 1/3
간장
소주잔 1/2
고추장
밥숟갈 1
소주
소주잔 1
식용유
약간

큰 그릇에 고추장, 간장, 다진마늘,
다진생강, 소주를 넣고 양념장을
만든다.

고기, 양파, 대파, 고추 등을
다듬는다.
먹기 좋은
크기로

고기와 야채를
양념에 잘 버무린다.

냉장고에 1시간 정도
숙성시킨다.

후지고기는 기름이 적으니
식용유를 살짝 두르고 센불로
볶아주면 완성~!

싼값으로 푸짐한
고기 파티!
몸보신하자~

김치찌개

안주가 떨어졌다.

소주 안주로는 무언가
뜨겁고 뻘건
국물이 최고~

국물안주, 밥반찬의 대표!
김치찌개를 끓여보자.

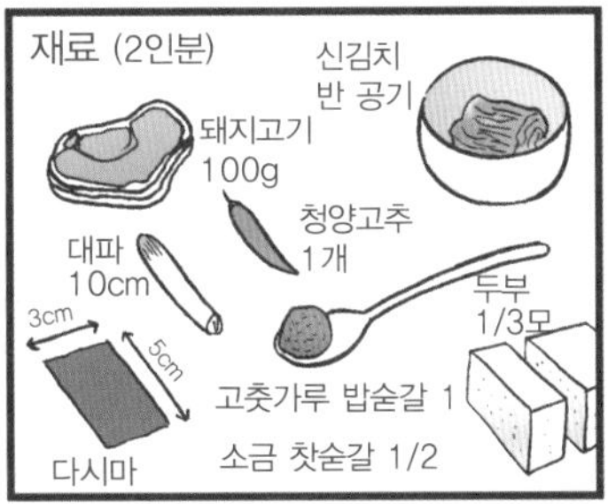
재료 (2인분)
신김치
반 공기
돼지고기
100g
청양고추
1개
대파
10cm
두부
1/3모
3cm
5cm
고춧가루 밥숟갈 1
소금 찻숟갈 1/2
다시마

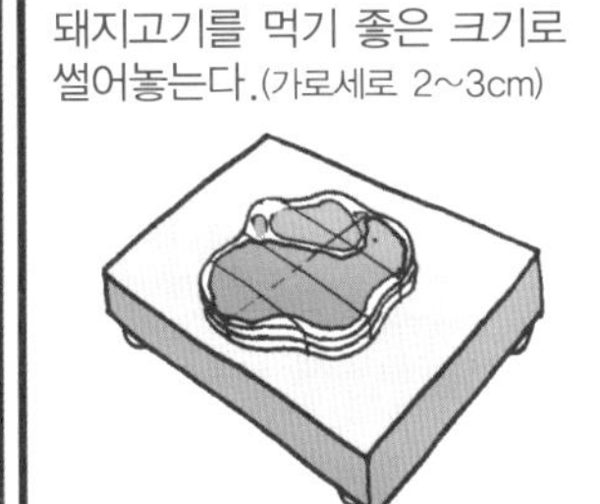
돼지고기를 먹기 좋은 크기로
썰어놓는다.(가로세로 2~3cm)

돼지고기와 김치를
냄비에 넣고 볶는다.
(김치와 고기가 부드러워진다.)

고기가 반쯤 익으면 다시마와
물을 넣고 끓인다.(물은 머그컵 2잔)

물이 끓어오르면 고춧가루와
청양고추, 소금으로 간을 하고
5분간 더 끓인다.

두부와 대파를 넣고
3분 정도 더 끓인다.

입맛에 따라 애호박이나 팽이
버섯 등을 두부와 함께 넣어
도 좋다.

김치찌개
완성~
와~

술자리는 계속된다.

참치찌개

참치캔! 통조림 반찬의 제왕!
TUNA

참치캔으로 만든 최고의 행복!
오~ 나의 식량들 보기만 해도 배부르구나~!

김치찌개의 영원한 친구
참치찌개에 도전해보자~
이…이건 뭔가 아닌듯 한데….

재료 (2인분)
신김치
반 공기
TUNA
참치캔 1개
대파
5~10cm
고춧가루
밥숟갈 1/2
두부
1/3모
소금 찻숟갈 1/2

뚝배기나 냄비에 김치를 넣는다.
(라면냄비 크기)

참치캔의
기름을 넣는다.

김치를 먼저 볶은 뒤

2/3정도 물을 넣고 끓인다.

물이 팔팔 끓으면 참치와
남은 김칫국물을 넣는다.
TUNA

5분 정도 끓인 후 두부와 대파,
고춧가루, 소금간을 하고
5분가량 더 끓인다.

참치기름과 고춧가루가 섞인
빨간 고추기름이 떠오르면 완성!

자~! 이제
먹어볼까~!

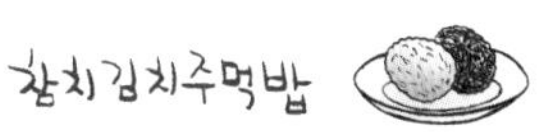

주먹밥을 만들어보자.

주먹밥엔
주먹이 없어요 ~

재료는 (1인분 1개 기준)

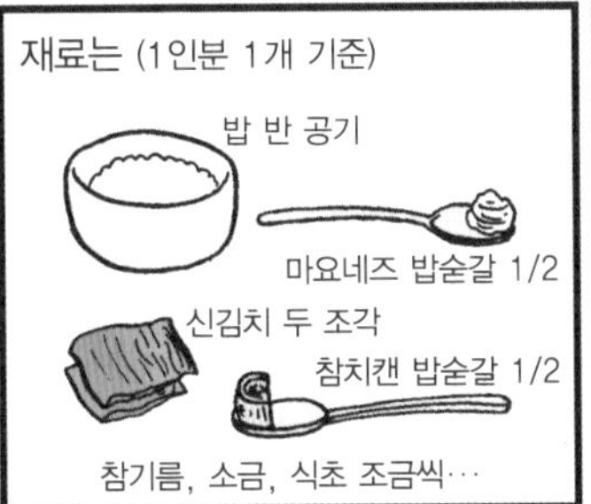
밥 반 공기
마요네즈 밥숟갈 1/2
신김치 두 조각
참치캔 밥숟갈 1/2
참기름, 소금, 식초 조금씩…

먼저 밥을 비빈다.

소금은
찻숟갈
1/3
참기름, 식초는
찻숟갈 1/2씩

김치는 잘게 썰어서
기름에 볶는다.

볶은 김치를 참치와 섞어둔다.
(참치를 같이 볶아도 된다.)

깨끗한 비닐을 뒤집어서
밥공기를 속에다 넣는다.

비벼놓은 밥의 절반만 담아서
가운데를 오목하게 만든다.

오목하게…
밥
비닐

밥 가운데에 김치와 참치를
넣고 마요네즈를 뿌린다.

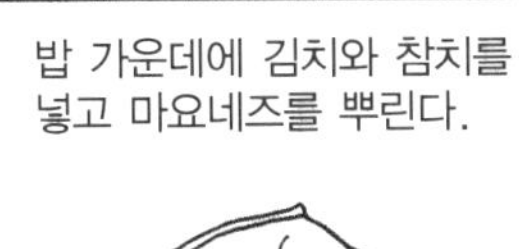

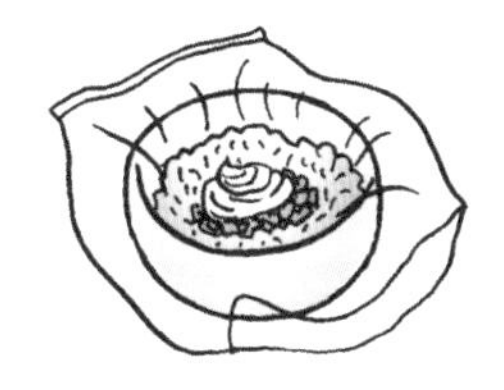

나머지 밥을 위에다 덮는다.

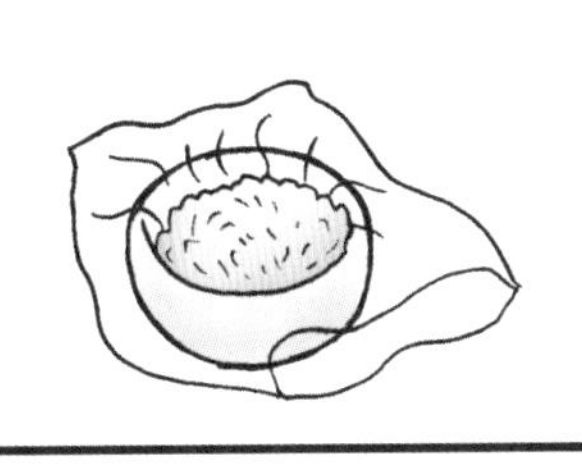

그대로 비닐을 들어서

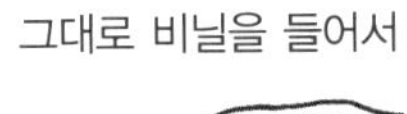

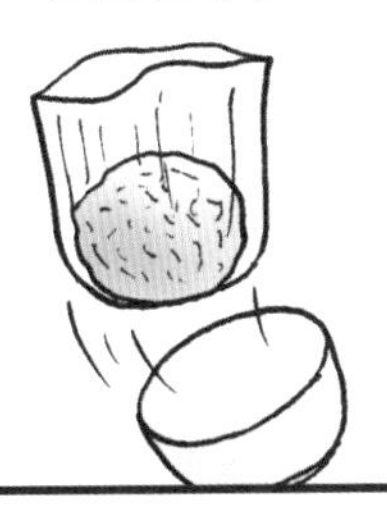

밥이 터지지 않게 잘 뭉치면~

주먹밥 완성~!
간단한 끼니나 야식으로도 좋다!

난 김가루 옷!
잇힝~!

묵은밥 활용 (볶음밥, 밥풀과자, 밥전)

전기밥통에 밥을 남기고
3일 이상 지났을 때

누렇고 딱딱하고 냄새나는 밥
그러나 버리긴 아깝다.
묵은밥의
재활용법을 알아보자.

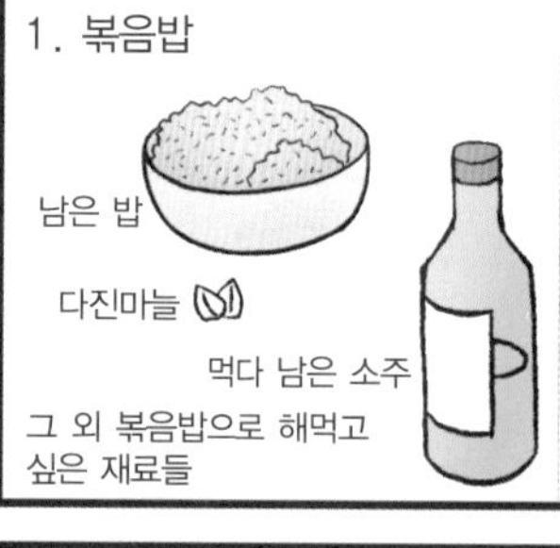
1. 볶음밥
남은 밥
다진마늘
먹다 남은 소주
그 외 볶음밥으로 해먹고
싶은 재료들

프라이팬에 기름을 두르고
밥을 넣는다.

프라이팬이 가열되면
물을 붓는다.
치이~

밥을 부수면서 볶는다.(물이 밥알에
스며들면서 밥알을 불려준다.)

물이 한 번 쫄아들면 소주와
마늘을 넣고 다시 볶는다.
(묵은 냄새를 없애준다.)

김치,참치,양파 등 입맛에 맞는
재료를 넣고 볶음밥을 완성한다.

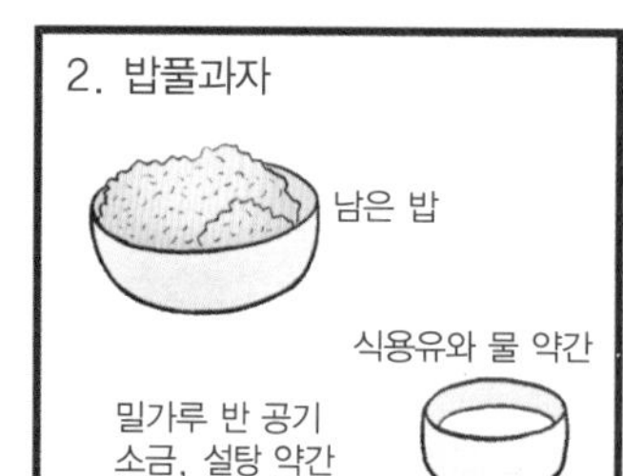
2. 밥풀과자
남은 밥
식용유와 물 약간
밀가루 반 공기
소금, 설탕 약간

먼저 밥을 씻으면서
덩어리를 부순다.

물을 조금만 남기고 밀가루와
소금을 넣어 반죽한다.

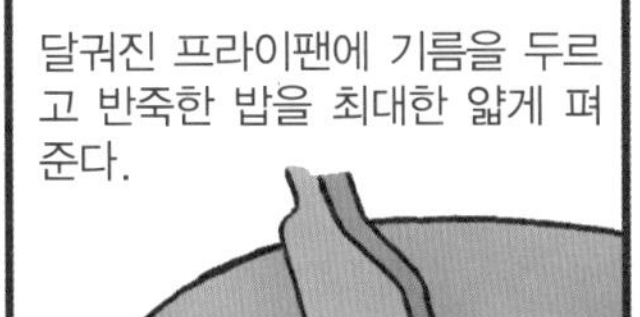
달궈진 프라이팬에 기름을 두르고 반죽한 밥을 최대한 얇게 펴 준다.

바삭하게 익을 때까지 굽는다.

아직 뜨거울 때 설탕을 고루 뿌리면 완성.

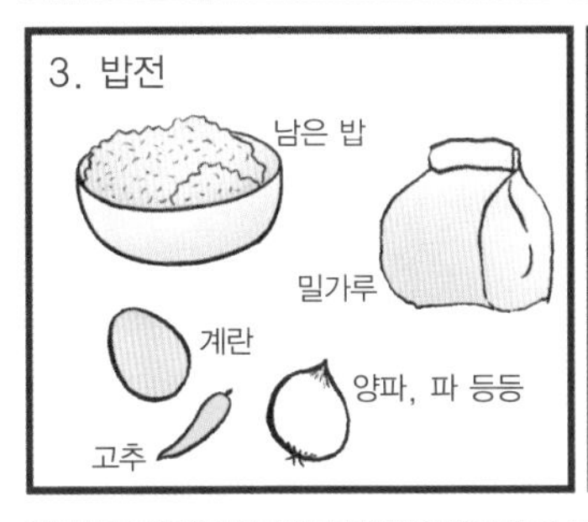
3. 밥전
남은 밥
밀가루
계란
양파, 파 등등
고추

밥풀과자 만들 때처럼 밥 덩어리를 부순다.

물을 약간 남기고 밀가루, 계란, 양파, 고추 등을 넣고 반죽한다.

밥공기 크기, 두께는 약 1cm로 부친다.

다 익으면 완성~ 간장을 곁들여 먹자.

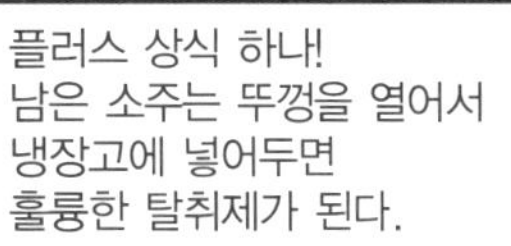
플러스 상식 하나!
남은 소주는 뚜껑을 열어서 냉장고에 넣어두면 훌륭한 탈취제가 된다.

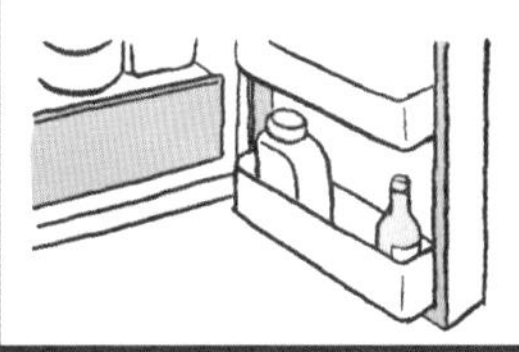

먹자~!

.....

이..이봐!
난 탈취제야!!

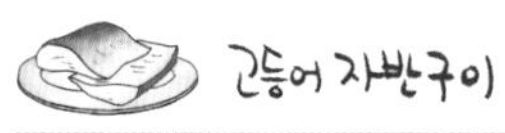

고등어 자반구이

옴마니 반메훔~

이걸
어떻게
하지?
아멘~

대부분의 자취생 요리의 취약점!
신선한 해물!!

요리할 때 비린내 나고
장기 보관도 어렵다.

그래도 용기를 내 도전해보자!
생선구이!!!

요리하기 가장 손쉬운
자반고등어를 구입한다.

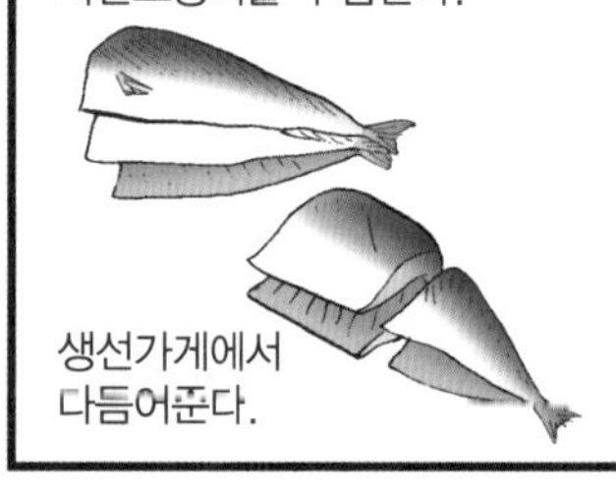
생선가게에서
다듬어준다.

프라이팬에 기름을 두르고
생선을 굽는다.

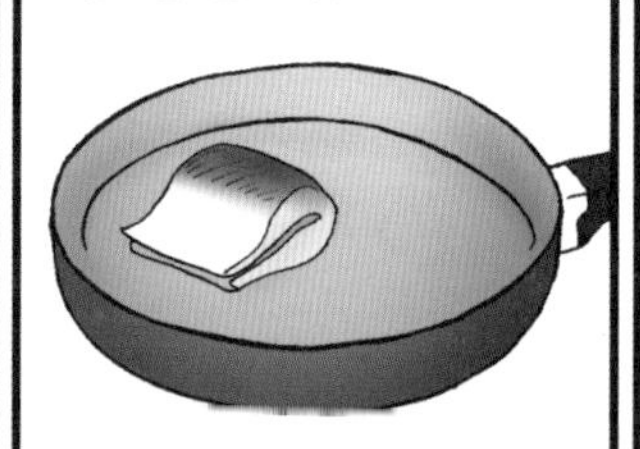

양쪽으로 나누어 중불로
천천히 굽는다.

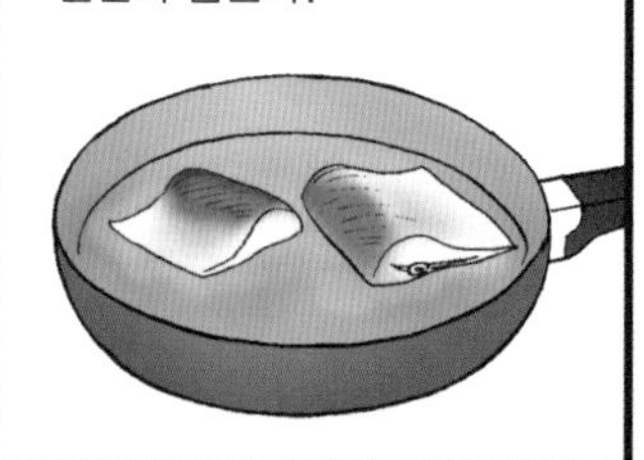

충분히 익으면 뒤집어서
완전히 익혀준다.

굽기 전에 다진마늘을 살 부분에
바르면 비린내를 줄일 수 있고,
밀가루를 묻히면 껍질이 달라붙
어 부서지는 걸 막을 수 있다.

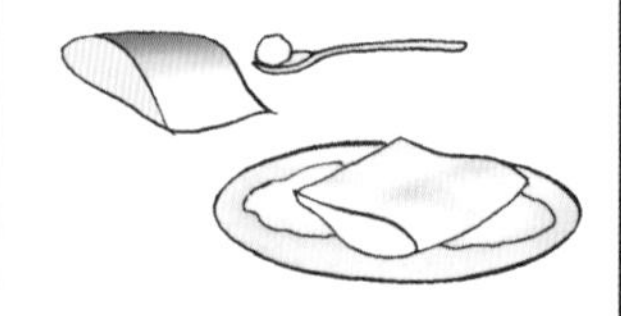

고등어구이 완성~!
식으면 살이 퍼석해지고 딱딱해
진다. 따뜻할 때 먹자!

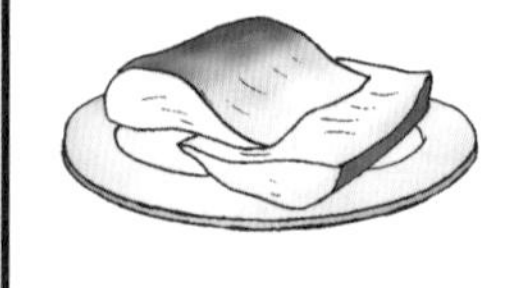

이번엔
조기구이!
나는
굴비여~
비싼몸이지~

소금간을 해서 말린 굴비는
그냥 구우면 되지만
어... 난
관상용인데
....

생물 조기는 손이 한 번 더 간다.
우리가
11명이면
조기축구단이다!

먼저 두꺼운 비늘을 제거한다.
씽크대 안쪽에 조기를 두고서

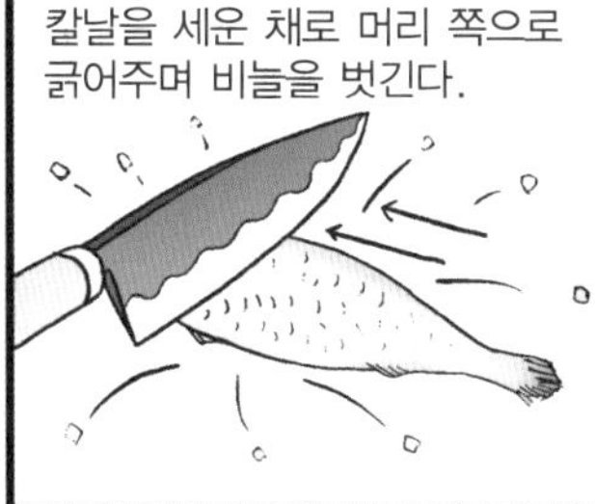
칼날을 세운 채로 머리 쪽으로
긁어주며 비늘을 벗긴다.

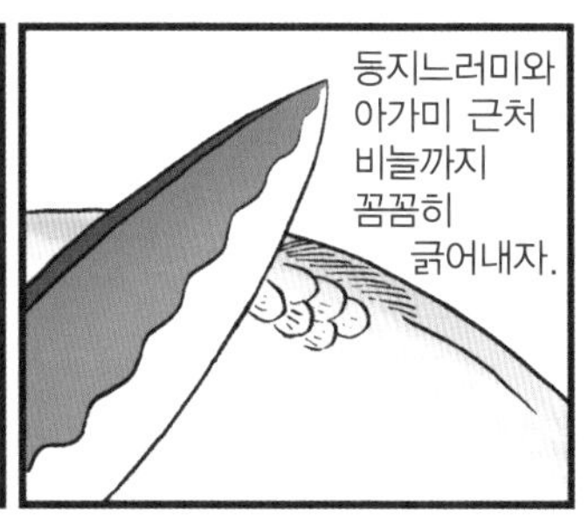
등지느러미와
아가미 근처
비늘까지
꼼꼼히
긁어내자.

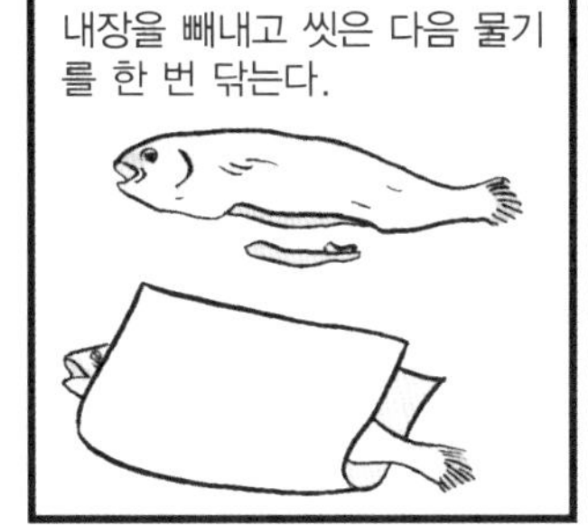
내장을 빼내고 씻은 다음 물기
를 한 번 닦는다.

프라이팬에 기름을 두르고
약불로 노릇노릇하게 구워준다.

조기구이 완성!

고등어, 조기 모두
오래 먹으려면 냉동보관하자.

냉동보관한 생선은 바로 구우
면 살이 부서지기 쉽다.

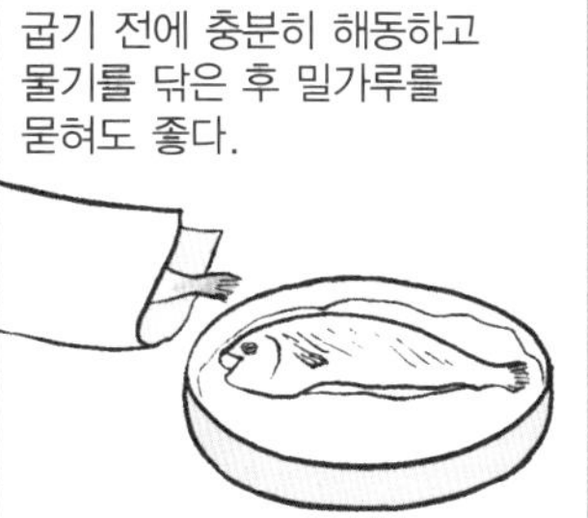
굽기 전에 충분히 해동하고
물기를 닦은 후 밀가루를
묻혀도 좋다.

잔치국수

가늘고 길게

사는 게 소박한 내 꿈이다.

그래도 언젠가 끝은 나는 법!

수많은 국수다발들은
저마다 끝을 가지고 있다.

.....

쑥 ㅡ

국,

나홀로 잔치!
잔치국수를 만들어보자.(2인분)

국수
감자 1개
양파 반 개
국멸치
계란 1개
다시마
대파
청양고추
고춧가루, 김가루, 다진마늘, 양조간장

다시마와 멸치를 넣고
먼저 국물을 끓인다.

물이 끓어오르면 감자와 양파
를 넣고 계속 끓인다.

국수 1인분은 요만큼이다.

굵기 약 2.5cm

국물과 별도로 물을 팔팔 끓이고

서로 달라붙지 않도록 면 가닥을
부채 모양으로 펼치면서 넣는다.

면이 익을 때까지
젓가락으로 저으면서
풀어준다.

3분 정도 끓어 면이 다 익으면
체에 받쳐서 찬물에 헹군다.

이때 얼음물로 식히면
면이 더 쫄깃해진다.

헹군 소면의
물기를
빼주고

다진마늘(찻숟갈 1),
간장(1/4공기), 참기름(찻숟갈 1),
다진파, 참깨 등을 넣고
양념간장을 만든다.

계란은 풀어서 얇게 부쳐
지단을 만들어놓는다.

아니면 국물에 풀어서
같이 끓여도 맛있다.

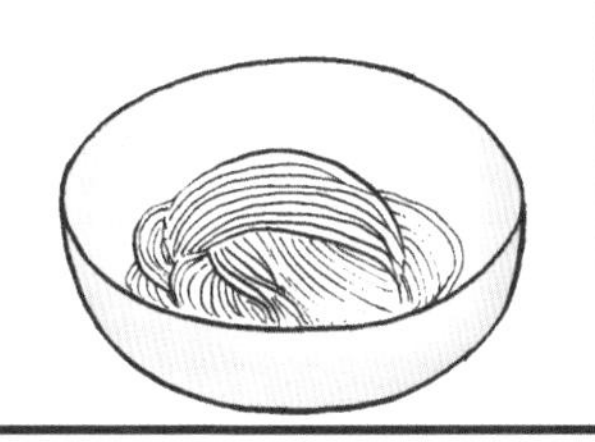
그릇에 먹을 만큼 면을 넣고

국물을 붓고, 계란지단, 양념장,
김가루를 얹는다.(입맛에 따라 고춧
가루를 넣는다.)

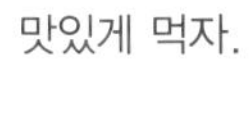

맛있게 먹자.
후루룩~

후루루룩~

엇!
벌써 끝이네~

비빔국수

국수 잔치는 계속된다.
다음은 비빔국수!

비빔국수의 재료는 (1인분)
국수
잘 익은 김치 1/4공기
다진마늘 찻숟갈 1/2
고추장 밥숟갈 1/2
참기름, 참깨 찻숟갈 1씩
간장 밥숟갈 1
설탕 찻숟갈 1
상추나 깻잎 등 야채 조금

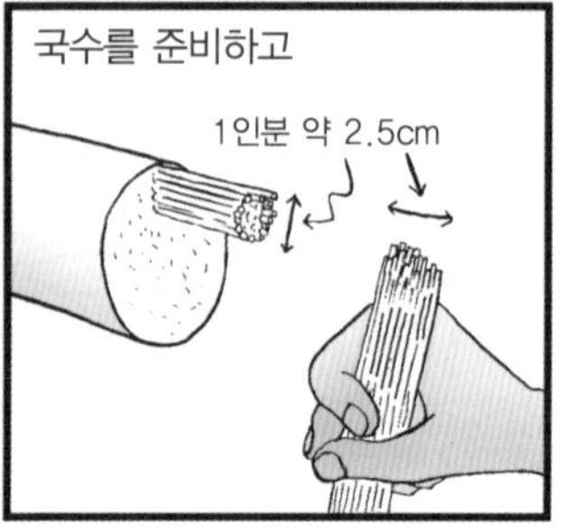
국수를 준비하고
1인분 약 2.5cm

면 가닥을 펼치며 넣어서

잘 익혀주고

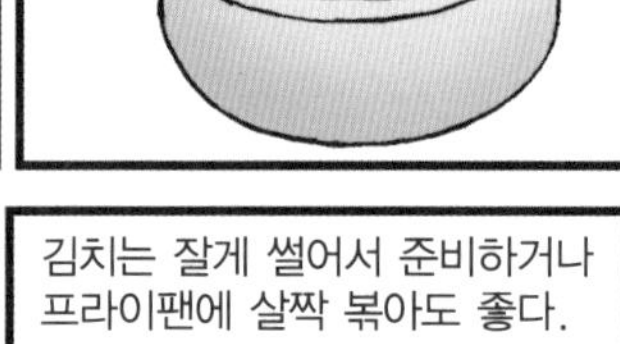

찬물에 헹군 뒤 물기를
내리며 준비해둔다.

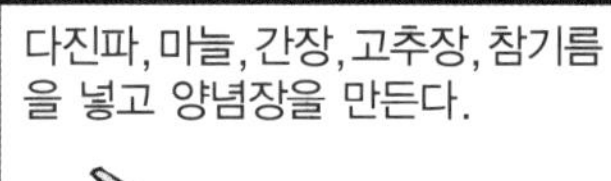

상추나 깻잎 등 야채를
잘게 썰고

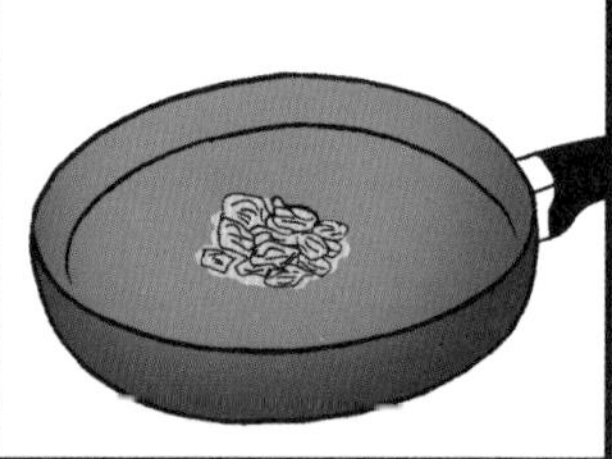
김치는 잘게 썰어서 준비하거나
프라이팬에 살짝 볶아도 좋다.

다진파, 마늘, 간장, 고추장, 참기름
을 넣고 양념장을 만든다.

국수를 넣고 야채와 김치 등
고명을 얹는다.

비벼 먹자!
비빔국수 1인분 완성~!

열무김치를 얹으면 열무국수,
동치미를 넣으면 동치미국수 등을
만들 수 있다.
자취생에게 동치미, 열무김치가 어디있다고…!

감자국

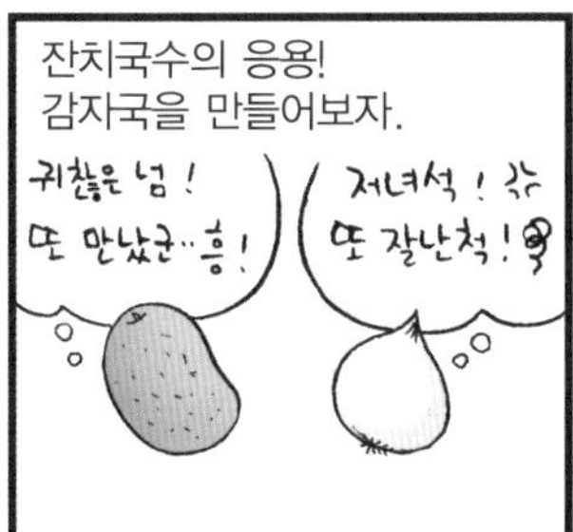
잔치국수의 응용!
감자국을 만들어보자.
귀찮은 놈! 또 만났군.. 흥!
저녀석! 또 잘난척!

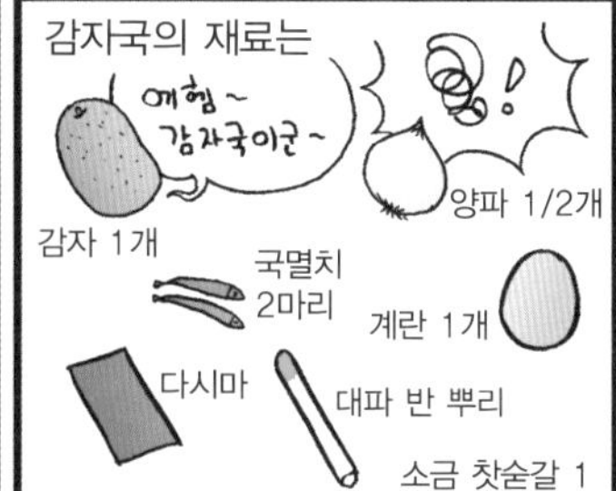
감자국의 재료는
에헴~ 감자국이군~
감자 1개
양파 1/2개
국멸치 2마리
계란 1개
다시마
대파 반 뿌리
소금 찻숟갈 1

다시마와 멸치를 넣고 끓인다.

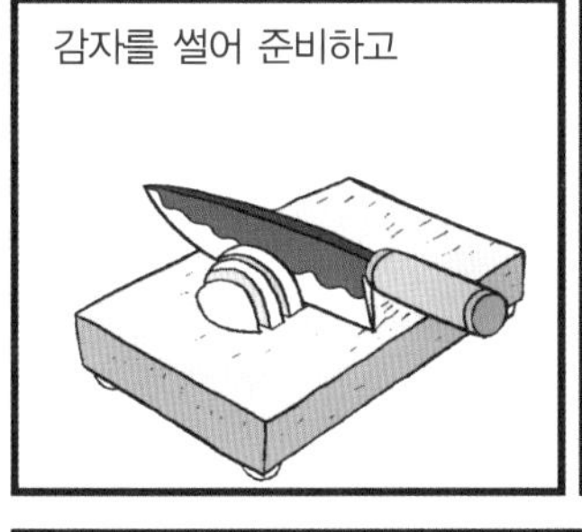
감자를 썰어 준비하고

양파와 파도 썰어놓자.

다시마와 멸치를 건져내고 감자와 양파를 넣고 계속 끓인다.

감자와 양파가 다 익어서 국물이 우러나면 소금으로 간을 하고 대파를 넣는다.

계란을 풀어 넣고 살짝 엉키도록 살살 휘젓는다.(안 넣어도 된다.)

감자국 완성!

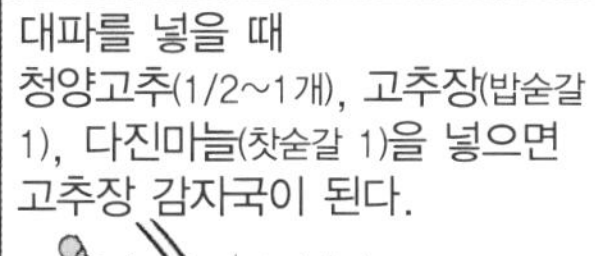
대파를 넣을 때 청양고추(1/2~1개), 고추장(밥숟갈 1), 다진마늘(찻숟갈 1)을 넣으면 고추장 감자국이 된다.

난 혹시 요리 천재?

아! 뜨거!

된장찌개 백반

한국인의 기본 상차림!
밥이 필요하다.

이제 스스로의 힘으로
밥차림을
시도해볼
때가 되었다.

된장찌개 백반!
먼저 된장찌개를 끓여보자.

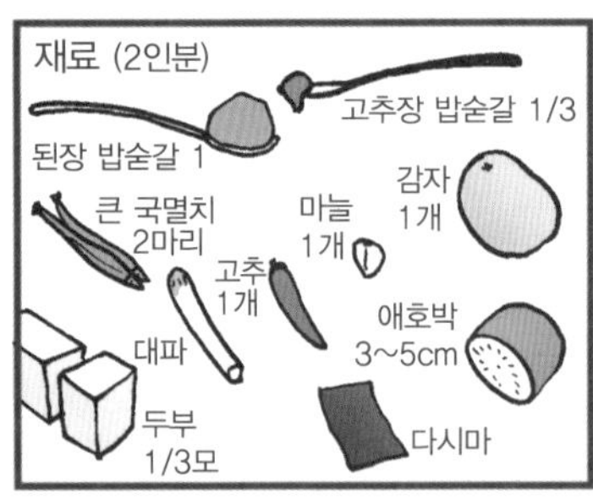
재료 (2인분)
고추장 밥숟갈 1/3
된장 밥숟갈 1
감자
1개
큰 국멸치
2마리
마늘
1개
고추
1개
애호박
3~5cm
대파
두부
1/3모
다시마

뚝배기에 멸치,다시마를 넣고
끓인다.(물은 머그컵 2잔 정도)

물이 팔팔 끓으면 다시마를
건져낸다.

대파와 호박을 넣는다.

깔끔한 맛을 원하면 된장을 체에 걸러 넣는다.
진한 맛을 원하면 그냥 넣는다.
다진마늘을
넣으면 진해지
고 안 넣으면
깔끔해진다.
국물을 끼얹
으며 된장을
녹여 넣는다.

두부를 넣고 5분가량 더 끓인다.
(입맛에 따라 버섯 종류를 넣으면
좋다.)

끓어오르는 거품을 모두 떠내어
버린다.(국물이 개운해진다.)

된장찌개 완성~!

된장찌개가 끓는 동안 다른
음식을 준비하자.
취사중!

계란도 하나 부치고

김과 김치를 꺼내고

여유가 되면 생선도
하나 구워보자.

남은 양파나 풋고추도
고추장에 찍어 먹자.

이제 밥을 푸자.

어머니의 밥만큼은 아니지만 스스로 해먹는 된장찌개 백반 완성!

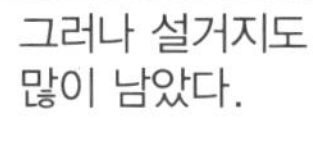
그러나 설거지도
많이 남았다.

마셔라! 원샷!
잘마신다 -
뭐 이리 많이 먹었어 -
팡 —
팡 —

소주 한잔 제대로 처음 먹어본 건
고등학생 때였다.

신분상 자주 먹을 수 있는 건 아니었다.
기억에 남는 건 감자탕과 같이 먹는
소주 맛이 아주 좋았다는 것 정도?

역시나 술을 본격적으로 퍼붓기
시작한 건 대학에 와서부터다.

서로의 등을 쳐주고

술 먹고 다투기도 하고, 실수도 많이
하고, 사고도 치면서…

야~가끔 술사들고 오면 되겠다~!
안주가 조아~조아~
언제나 콜~!
내가 그때 왜 그랬지?…
내 식재료들…
안주, 안주, 안주

많은 이야기를 나누었던 술친구들,
그 친구들은 내 인생의 소중한 부분이다.

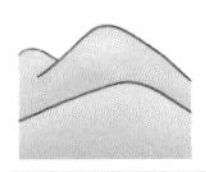

M.T 음식준비 (삼겹살, 통닭구이)

젊음의 향연 M.T!

기차를 타고~

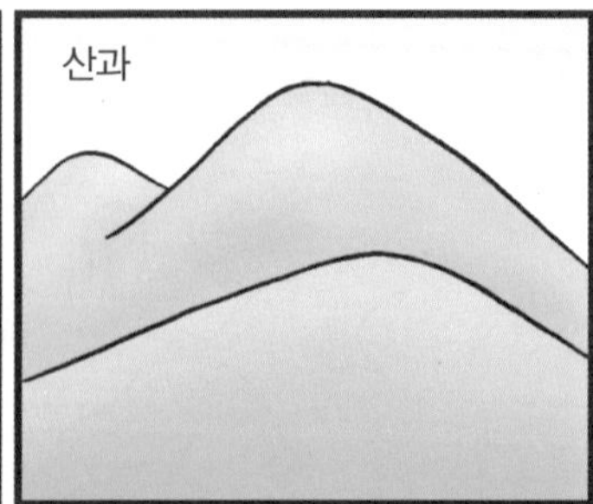
산과

물과

자연이 있는 그곳으로

그냥 갈 수 있는 게 아니다…

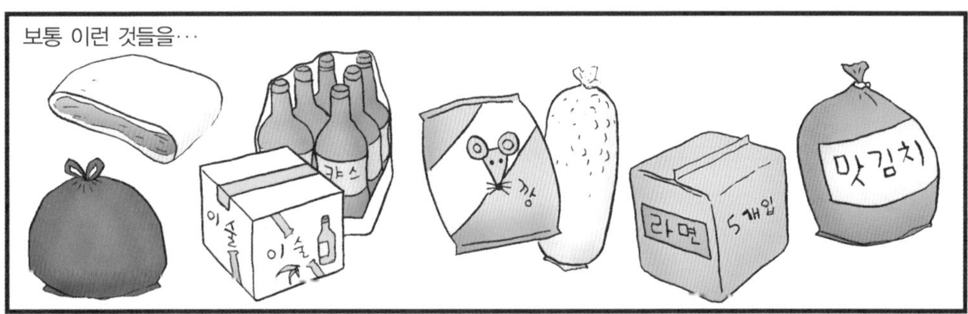
보통 이런 것들을…
카스
이슬
이슬
라면
5개입
맛김치

고추장
… 준비한다.
그런데,
무엇을 어떻게
해먹을 것인가?

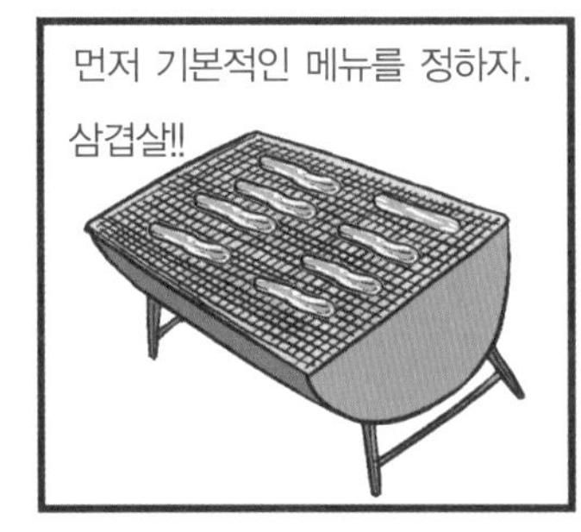
먼저 기본적인 메뉴를 정하자.
삼겹살!!

밤중에, 또는 아침에 먹을 라면~!

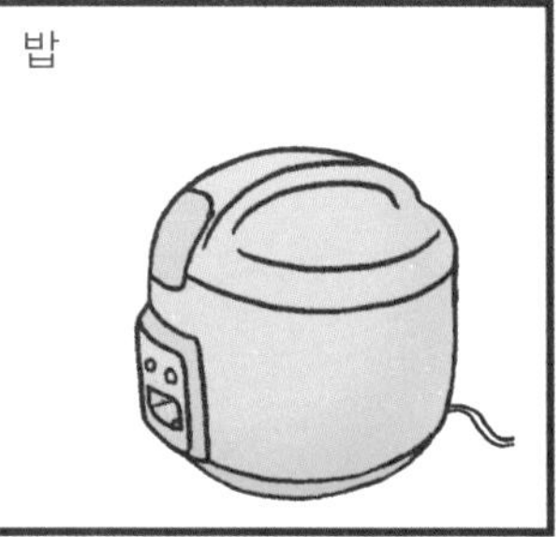
밥

밥반찬+술안주용 김치찌개

해장용 콩나물국

그리고 술과
음료수 등

물론 다른 걸 해먹을 수도 있다.
자연속의 피자를 구워주마 !

가장 손쉽게는 부침개와

장작불이 있는 경우 구워먹을
여러 음식…

자연을 접하며 맛난 것을 먹는 게
M.T의 진정한 목적! 목적 달성을
위해 출발해보자~!!!

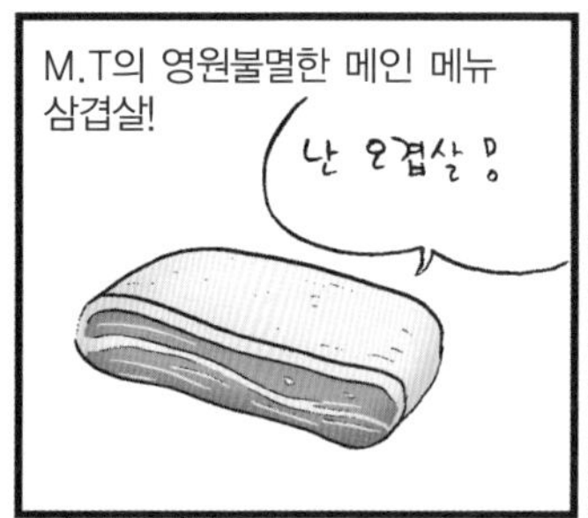
M.T의 영원불멸한 메인 메뉴 삼겹살!
난 오겹살!

고기만 덜렁 구워먹을 수는 없다!(1근 600g = 2.5인분)
고기 10근, 상추, 깻잎, 고추, 마늘

참기름, 소금, 후추, 양파, 고추장....

준비할 재료를 살펴보자.
삼겹살 또는 목살
상추와 깻잎
양파
고추장
고추장 또는 쌈장
풋고추
마늘
참기름
참
후추
후추
꽃소금
꽃소금 (맛소금 절대 금지)

요리 도구는 숙박할 곳에 미리 물어본 후 준비한다.
그릇이랑 프라이팬이 제공 되나요? 부르스타는요? 밥솥은 있나요?

바베큐 불판을 이용한다면 번개탄이 제공된다.(또는 장작)

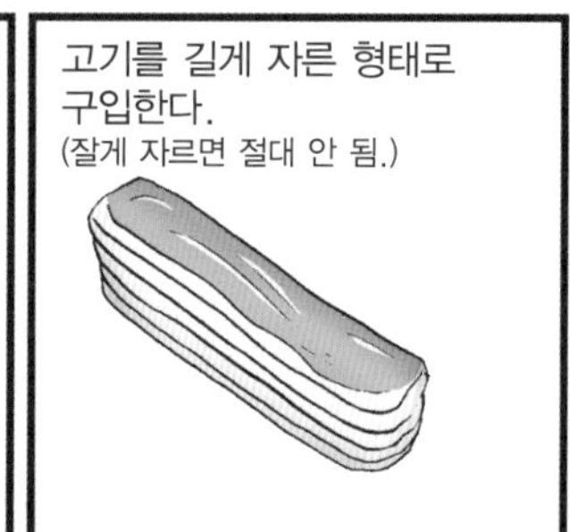
고기를 길게 자른 형태로 구입한다.
(잘게 자르면 절대 안 됨.)

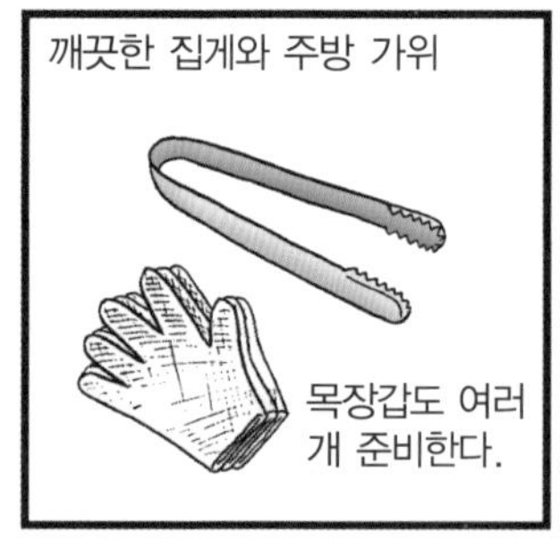
깨끗한 집게와 주방 가위
목장갑도 여러 개 준비한다.

바베큐 불이 장작불일 경우 닭과 고구마, 감자 등을 준비하고

불판과 소형 가스레인지라면 집게만 준비한다.

고기와 야채는 대형 할인매장보다 재래시장이 확실히 싸고 질도 좋다. 공산품 구입과 구분해서 비용을 아끼자.
학생들이니 내 더 줄께~
고맙습니다~!

조리도구는 나눠 챙겨오자. 특히 식칼과 도마가 중요하다.
약3개 정도 되어야 편하다~
냄비도 3개 이상~

고기 굽기 전의 상차림~!
먼저 마늘과 고추를 씻고

종이컵 윗부분을 잘라서

고추장, 쌈장, 기름장 종지로 사용한다.

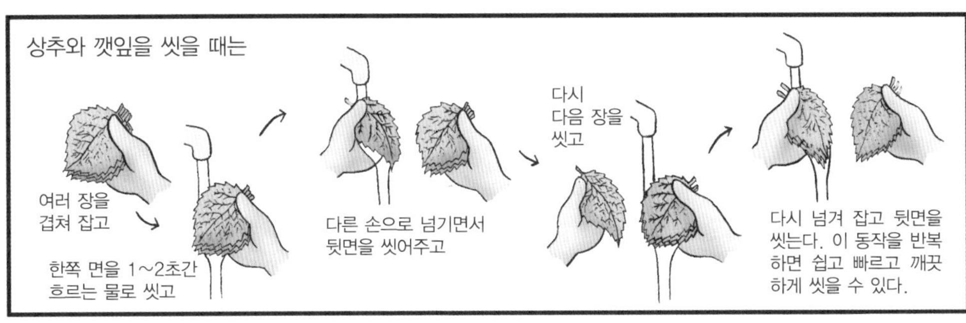
상추와 깻잎을 씻을 때는
여러 장을 겹쳐 잡고
한쪽 면을 1~2초간 흐르는 물로 씻고
다른 손으로 넘기면서 뒷면을 씻어주고
다시 다음 장을 씻고
다시 넘겨 잡고 뒷면을 씻는다. 이 동작을 반복하면 쉽고 빠르고 깨끗하게 씻을 수 있다.

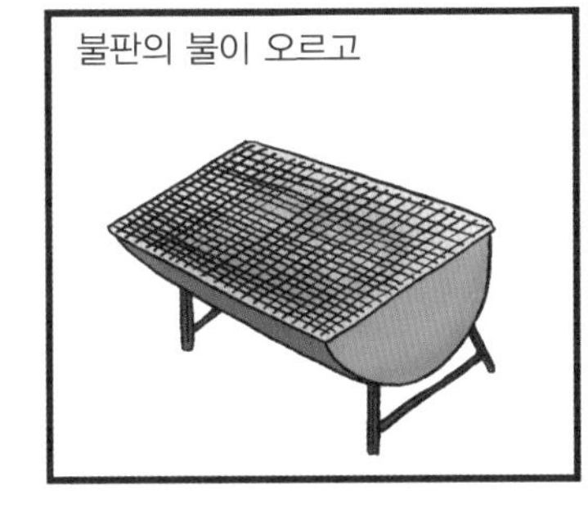
불판의 불이 오르고

상차림이 끝나면

한손에 장갑, 한손에 집게
고기 굽기 준비 완료~!
장갑 두 겹
긴팔 옷

고기를 굽자.

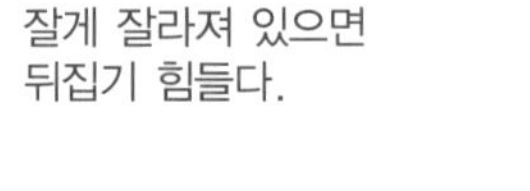
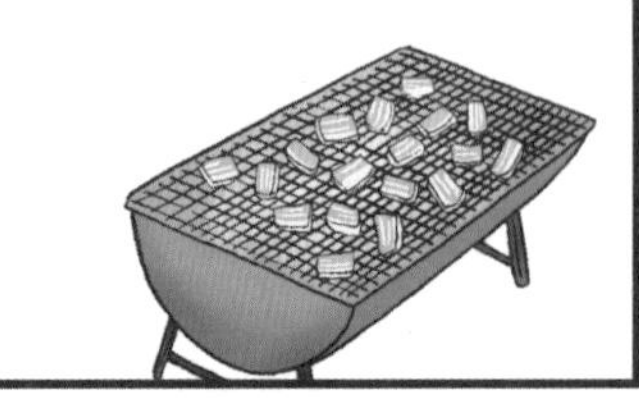
잘게 잘라져 있으면
뒤집기 힘들다.
많은 고기를 한 번에 구우려면
긴 삼겹살 조각을 불판에 올린다.

다 익은 고기는 접시에 담으
면서 가위로 자른다.

불이 너무 세서 고기가 탈 것
같으면

불이 특히 센 곳 위로 상추를
몇 장 덮어준다.
장작불에 구워먹을 다른
별미를 준비한다.
닭 한 마리를
깨끗히 씻어
배를 가르고
내장을
제거한다.

배 속에 씻은 쌀과 마늘을 채우고
(없으면 안 넣어도 된다.)
은박지로
꽁꽁 싼다.

장작불을 붙이기 전에 장작
사이에 넣고 불을 붙인다.

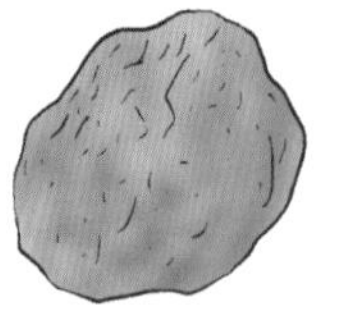
돼지고기 실컷 구워먹고 불꺼진
후에 잘 집어내서
(2시간 가까이 굽는다.)

은박지를 벗기면 의외로 타지
않고 기름기는 쏙~ 빠진
통닭 등장!

소금과 후추를 찍어 먹는다.

감자와 고구마는 너무 일찍 넣으면 타버리기 쉽다. 불이 한창일 때 넣고 20~30분 후에 꺼내어 먹는다.

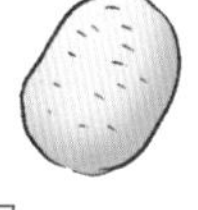

은박지에 싸도 되고
그냥 넣어도 된다.

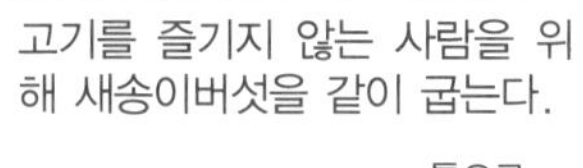
고기를 즐기지 않는 사람을 위해 새송이버섯을 같이 굽는다.

납작하게
자르거나···
통으로
굽는다.

통으로 구운 새송이버섯을 반으로 자르면 국물이 나온다. 흘리지 말고 맛있게 먹자~!!!

즐겁고 맛있는 M.T!

카아

해장콩나물라면

1박 2일 복귀하는 날 아침

부스스…

풀썩ㅡ

출발 전 간단하게 먹는 라면!
그러나 해장도 해야 한다.

사망라면

콩나물라면을 끓여보자.
콩나물
콩나물
라면
대파
그 외 남은 재료들

깨끗한 물을 받고

먼저 콩나물을 끓인다.
(뚜껑을 연 채로)

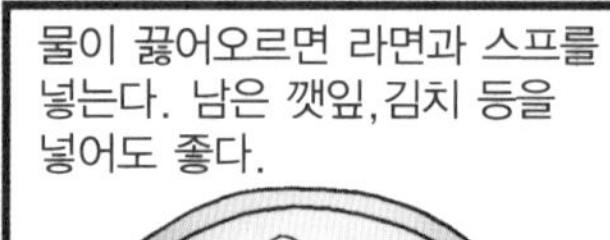

물이 끓어오르면 라면과 스프를 넣는다. 남은 깻잎, 김치 등을 넣어도 좋다.

뚜껑을 닫지 않고 끓인다. 면이 익으면 완성! (뚜껑을 여닫으면 콩나물에서 비린내가 난다.)

후다닥

우웨~엑

M.T 후 남은 음식들···
야채
김치
고추장
술
식용유
식용유
등등

자취생에게는 축복이다~!
식재료
대박이다~♪

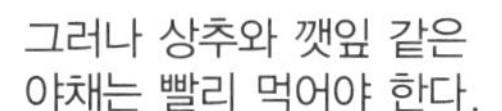

그러나 상추와 깻잎 같은
야채는 빨리 먹어야 한다.

평소 집에서도 고기를
구워먹고 남기기 쉬운
상추 처리법을
알아보자.

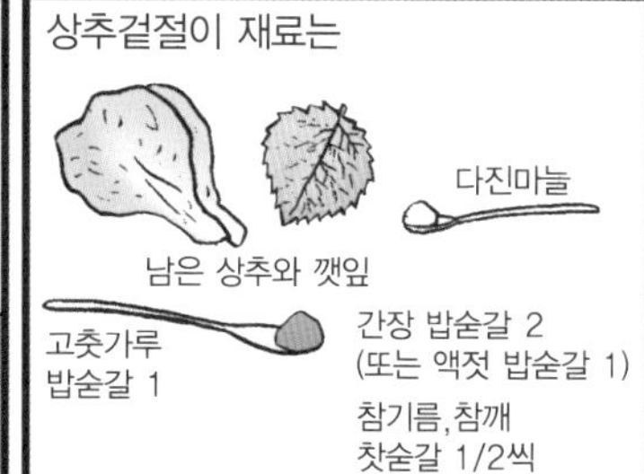
상추겉절이 재료는
다진마늘
남은 상추와 깻잎
고춧가루
밥숟갈 1
간장 밥숟갈 2
(또는 액젓 밥숟갈 1)
참기름,참깨
찻숟갈 1/2씩

먼저 야채를 먹기 좋게 썰고

커다란 그릇에 야채를 넣고
고춧가루, 다진마늘, 액젓,
참기름 등을 넣는다.

양파, 고추, 대파, 부추 등을
같이 넣으면 좋다.

그대로 반찬으로 먹거나 비빔밥
이나 비빔국수 고명으로 넣어도
된다.

깻잎은 참치캔의 참치를
쌈 싸먹어도 맛있다.

그렇게 집으로
오자마자 바로
풀밭···

멸치구이

이것들이 예고도 없이 또 찾아왔다.
안주~ 안주~ 안주~

결국 최후의 저장 식량을…

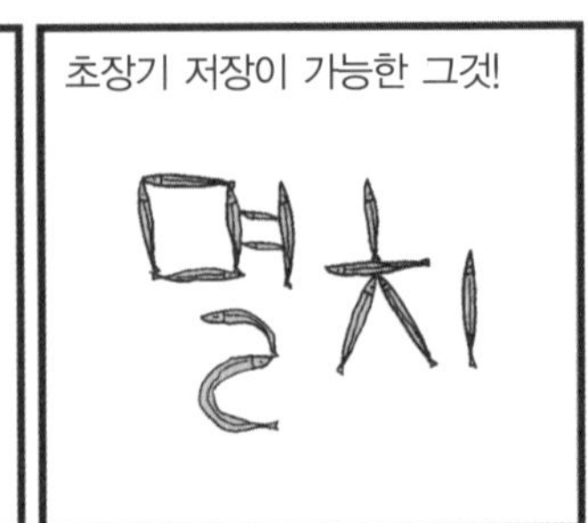

초장기 저장이 가능한 그것!
멸치

일단 구입해서 냉동보관하면 매우 유용하다.
우리가 얼마만에 나오는거지?
일년쯤 됐나?

가장 간단한 멸치구이를 만들어보자.
멸치 먹을 만큼
찍어먹을 간장, 고추장, 마요네즈
참기름이나 들기름 조금

먼저 멸치를 다듬는다.
4cm 이상 큰 국거리용 멸치는 머리와 내장을 제거한다.
3cm 이하 작은 멸치는 그대로 사용한다.

프라이팬에 멸치를 넣고 팬이 달궈지면 참기름을 넣는다.
(작은 찻숟갈로 반 숟갈 정도)

큰 멸치는 5~6분, 작은 멸치는 3~4분 정도 수분이 없어질 때까지 센불로 노릇하게 볶는다.

접시에 담아 고추장이나 마요네즈, 간장을 찍어먹는다.

볶은 멸치를 가루로 만들면 훌륭한 천연조미료로 변신!
맛이 매우 강하니 조금씩 넣을 것.

또한 멸치구이는 훌륭한 다이어트 안주다!
웬샤아~ 앗!

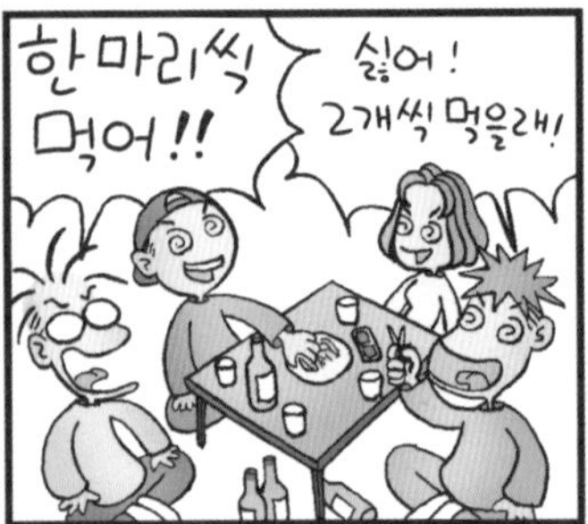

한마리씩 먹어!!
싫어! 2개씩 먹을래!

멸치가 사라져간다.
그넘들 때문에…

마른반찬의 대표! 멸치볶음을 만들어보자.
1등
뭐야?
누구 맘대로!!
1
3

재료를 알아보자.
간장 밥숟갈 3~4
멸치 1공기
다진마늘 밥숟갈 1/2
참깨 밥숟갈 1
물엿 밥숟갈 2~3
물엿
참기름 찻숟갈 1

멸치를 먼저 프라이팬에 살짝 굽는다.(멸치가루는 넣지 않고 멸치만 넣는다. 비린내를 제거할 수 있다.)

살짝 구운 멸치를 따로 덜어낸다.

프라이팬에 간장과 물엿, 다진마늘과 참기름을 넣고 살짝 볶으면서 섞는다.

양념장의 수분이 사라지고 끈끈해지면 멸치를 넣고 같이 볶는다.(참깨도 같이 넣는다.)

물엿과 간장이 타기 쉽다. 불은 중불로 줄이고 양념장이 멸치에 골고루 묻도록 잘 볶아준다.

멸치볶음 완성~

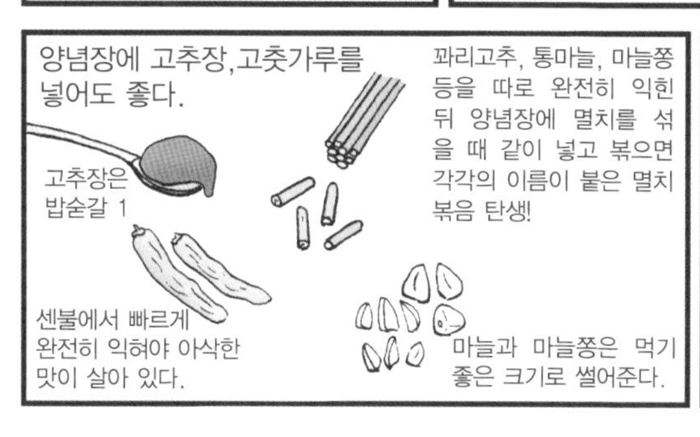
양념장에 고추장,고춧가루를 넣어도 좋다.
꽈리고추, 통마늘, 마늘쫑 등을 따로 완전히 익힌 뒤 양념장에 멸치를 섞을 때 같이 넣고 볶으면 각각의 이름이 붙은 멸치볶음 탄생!
고추장은 밥숟갈 1
센불에서 빠르게 완전히 익혀야 아삭한 맛이 살아 있다.
마늘과 마늘쫑은 먹기 좋은 크기로 썰어준다.

두고두고 밑반찬으로 맛있게 먹자.
좋은 안주야~
오호~ 멸치볶음 좋은데?

파전, 김치전

비가 온다···

대지를 적셔주는 빗소리
평화로운데···

···왠지··· 불안하다···

막걸리 사왔다!
파전 부쳐줘~!

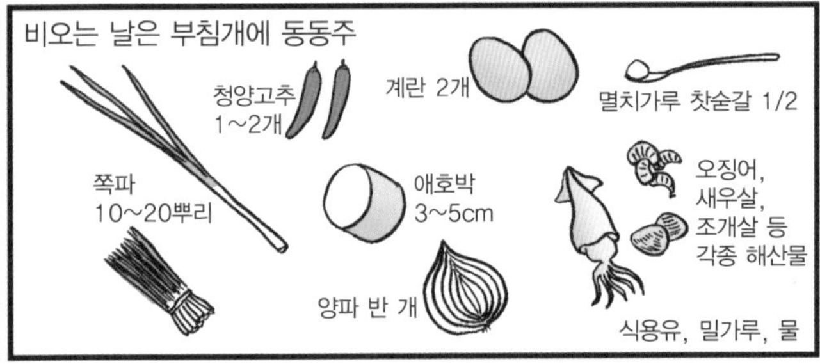
비오는 날은 부침개에 동동주
청양고추 1~2개
계란 2개
멸치가루 찻숟갈 1/2
쪽파 10~20뿌리
애호박 3~5cm
오징어, 새우살, 조개살 등 각종 해산물
양파 반 개
식용유, 밀가루, 물

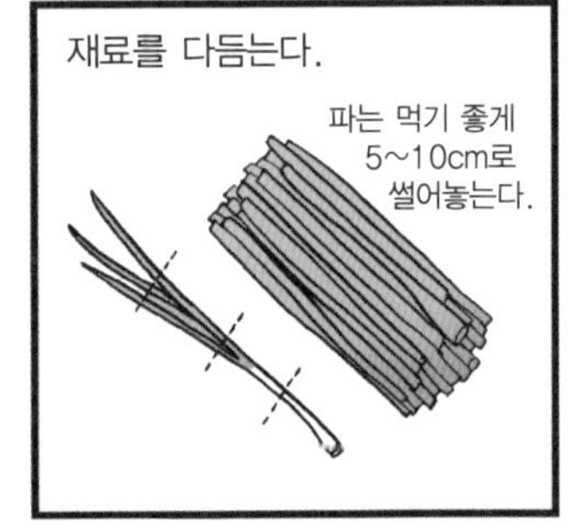
재료를 다듬는다.
파는 먹기 좋게 5~10cm로 썰어놓는다.

호박,양파 등 재료들은 가늘고 길게 다듬어놓는다.
고추는 어슷썰기로

파와 계란을 제외한 나머지 재료를 넣고 밀가루반죽을 만든다.
(밀가루는 밥공기 1, 물은 밀가루의 2/3)

식용유를 먼저 두르고 프라이팬을 달궈놓은 뒤 파를 한 겹 가지런히 깔아준다.

밀가루 반죽을 위에 한 겹 끼얹는다.
(두께는 2cm 정도)

국자로 반죽이 잘 스며들도록 살살 눌러준다.

약불로 천천히 익히면서 모양이 잡히면 미리 풀어놓은 계란을 위에 뿌린다.
(천천히 완전히 덮이도록)

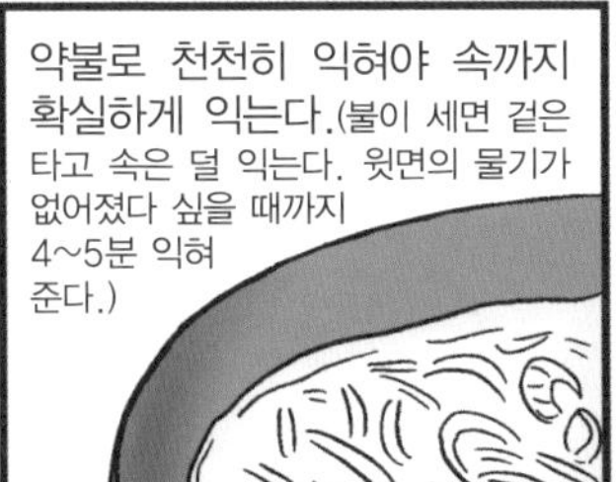
약불로 천천히 익혀야 속까지 확실하게 익는다.(불이 세면 겉은 타고 속은 덜 익는다. 윗면의 물기가 없어졌다 싶을 때까지 4~5분 익혀 준다.)

찢어지지 않게 조심해서 살살 뒤집는다.

2~3분 더 익혀준다.

파전 완성~

—!
휙—
휙—

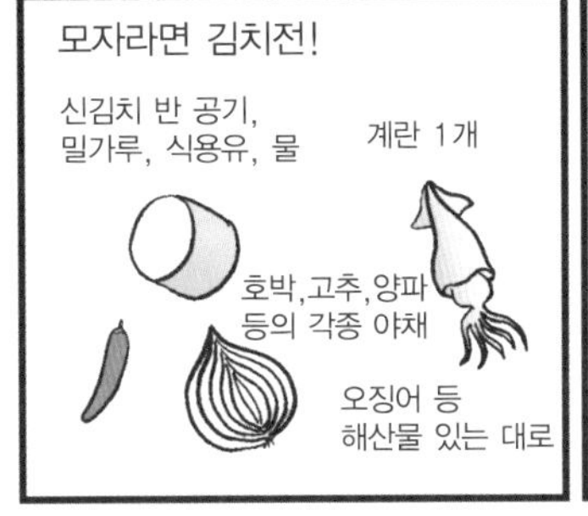
모자라면 김치전!
신김치 반 공기,
밀가루, 식용유, 물
계란 1개
호박,고추,양파
등의 각종 야채
오징어 등
해산물 있는 대로

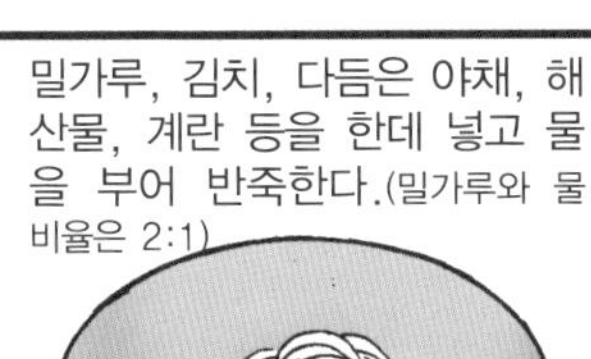
밀가루, 김치, 다듬은 야채, 해산물, 계란 등을 한데 넣고 물을 부어 반죽한다.(밀가루와 물 비율은 2:1)

잘 달궈진 프라이팬에서 지져준다.
(두께는 1cm를 넘지 않게)

중불로 천천히 익혀서 뒤집는다.

김치전 완성~!

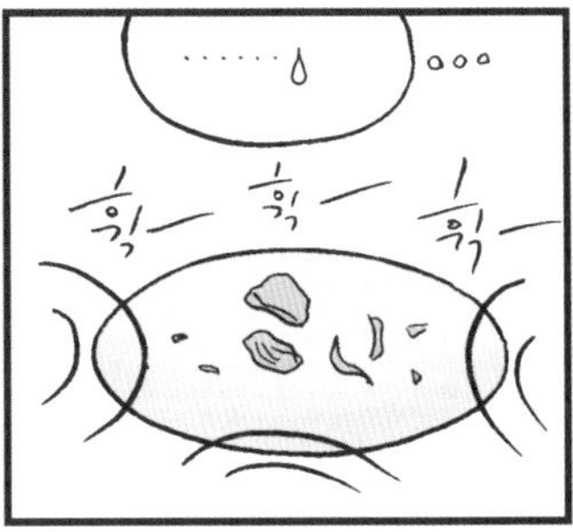
……
휙—
휙—
휙—

계란피자

먹는 입은 넷이요
안주~ 안주~ 안주~

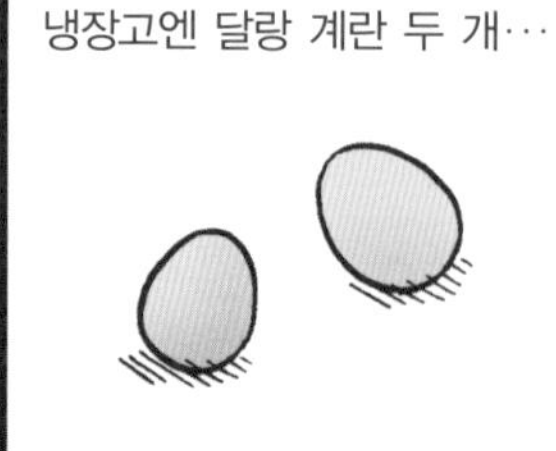
냉장고엔 달랑 계란 두 개···

어떻게 먹을 것인가?
안주
안주
안주
안주

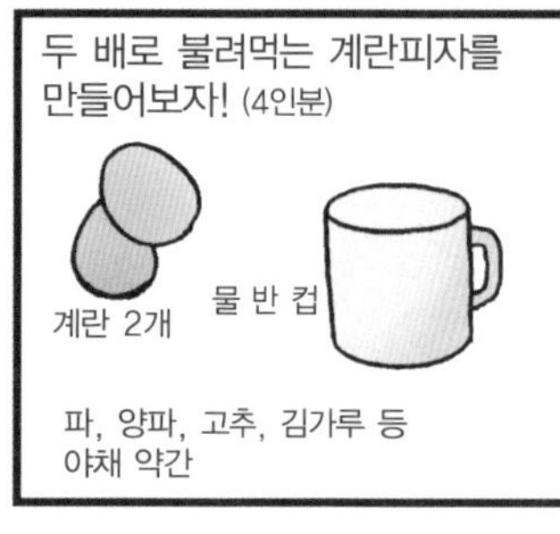
두 배로 불려먹는 계란피자를 만들어보자! (4인분)
계란 2개
물 반 컵
파, 양파, 고추, 김가루 등 야채 약간

계란을 푼다.

물과 소금을 넣고 거품이 충분히 생기도록 잘 젓는다.

파, 양파, 당근, 고추 등 야채를 다져넣고 섞는다.

프라이팬에 기름을 한 겹 두르고 충분히 가열한다.

계란을 붓는다.
치이

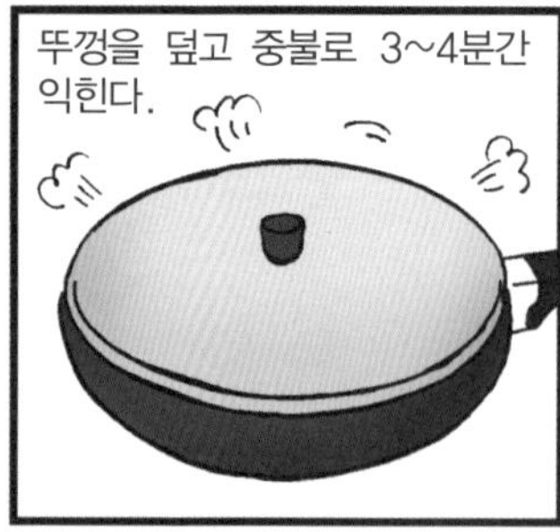
뚜껑을 덮고 중불로 3~4분간 익힌다.

부풀어오른 계란이 속까지 다 익으면 완성.

자~ 이제 먹어보자~!

김치국밥

신김치 처리는 계속된다.
추운 날 한 그릇 든든히 먹을 수 있는 국밥을 만들어보자.
추운게 문제가 아닌것 같은데…
재료 (1인분)
김치 1/4공기
찬밥 3/4공기
대파
3cm
다시마
5cm
깻잎 2~4장
청양고추 1개
건새우 3~5마리
고춧가루, 소금
참깨나 들깨
입맛따라 조금씩
뚝배기에 김치를 넣고 볶는다.
물과 다시마를 넣고 끓인다.
물이 끓어오르면 건새우, 파, 고추를 넣고 2~3분간 끓인다.
깻잎은 잘게 썰어 준비하고
국에 밥을 넣고 1~2분 정도 다시 끓어오를 때까지 끓인다.
보글보글 끓어오르면 상에 올리고 깻잎과 고춧가루, 깨를 넣는다.
얼큰, 시원, 든든한 김치국밥 완성.
맛있게 먹자~
해장 완료! 한잔하러 가야지!
…

두부튀김

안주가 필요하다.

안주 값
달랑 천 원

천 원으로 살 수 있는 것들 중

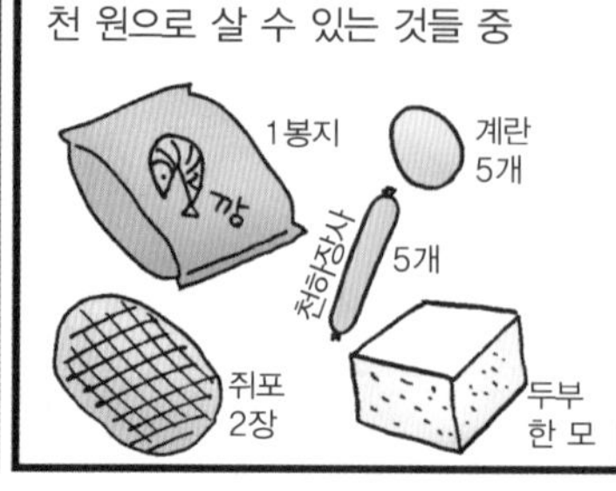

1봉지
계란
5개
깡
천하장사
5개
쥐포
2장
두부
한 모

소주 두 병 이상 먹을 수 있는 두부튀김을 만들어보자.

계란 1개
구멍가게
판두부 500원
소금, 식용유…

먼저 두부를 잘게 으깬다.
(최대한 잘게)

잘게 으깬 두부에 계란 흰자와 소금을 넣는다.(양파, 버섯, 다진고기 등을 넣어도 좋다.)

노른자

잘 섞는다~.(노른자 없이 잘게 으깰수록 나중에 잘 뭉친다.)

한 스푼씩 떠서 완자를 만들어준 뒤

질척거린다
빵가루 위에
한 번 굴려주면
럭셔리해보인다.

하나씩 튀김솥에 넣는다.
(식용유가 모자라면 프라이팬에서 부쳐도 된다.)

3분 이상 백색에서 옅은 갈색으로 크기가 줄어들면 완성~!

간단하게 그냥 잘라 튀겨도 좋다.
(부피가 줄고 갈색이 될 때까지)

수분이 모두 빠져나가서 겉은 바삭하고 속은 쫄깃해진다.

먹자~!
야-!
내 식용유!!

감자전을 만들 땐
난 불량감자! 1원에 한대씩 !!!
난 모범감자! 장기간의 경기침체로 ....

강판에 갈면 좋지만
으악! 왜 나를!

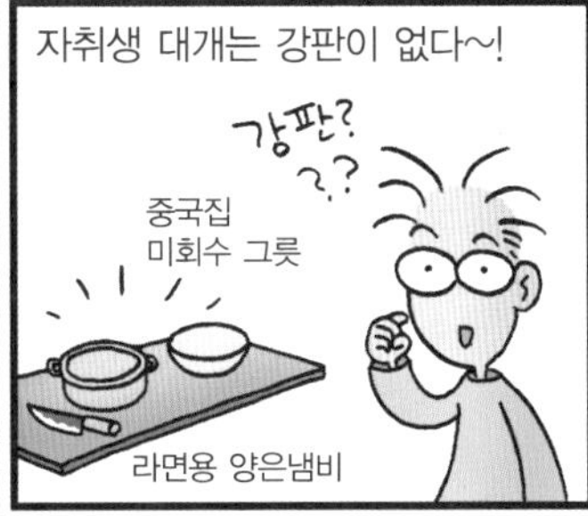

자취생 대개는 강판이 없다~!
강판? ?.?
중국집 미회수 그릇
라면용 양은냄비

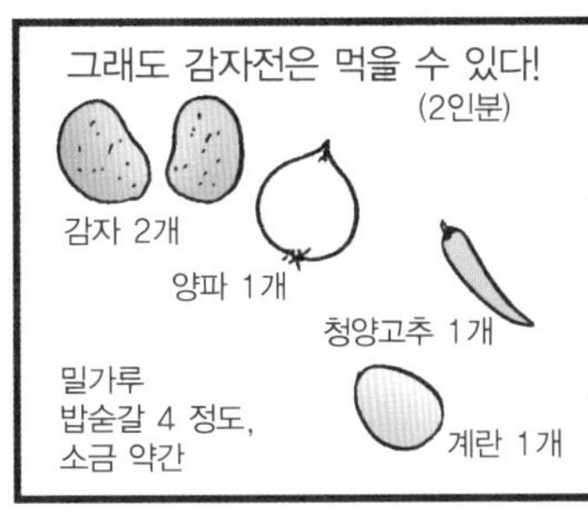

그래도 감자전은 먹을 수 있다!
(2인분)
감자 2개
양파 1개
청양고추 1개
밀가루 밥숟갈 4 정도, 소금 약간
계란 1개

감자를 깍뚝썰기로 다진다.
정육면체 5mm 이상 1cm 이하

양파를 잘게 다진다.
뭐 대충 감자랑 비슷하게

청양고추는 아주 잘게 다진다.
(큰 거 씹으면 죽음이다…)

밀가루, 계란, 소금간 등 다같이 섞어 반죽한다.

너무 묽지 않게 물 1/5컵 정도 넣어 잘 반죽한다.

한 국자만큼씩 떠서 부친다.
(더 크게 되면 찢어진다.)
감자 하나 두께만큼 펴준다.

노릇하게 다 익으면 완성~!

먹자~!
내 식용유 다 써버렸군..

칼질하기

평소에 잘 갈아두고
식칼!
칼질을 할 때는
요런 자세로 잡고 써는
습관을 들이자.

썰 때는 살짝 앞으로 밀면서 밑으로 누른다.

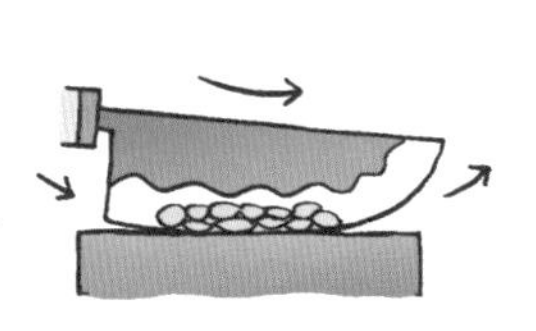

칼날을 앞으로 살짝 미끄러지듯이 해서 자른다.

다시 원위치! 반복하면서 자른다.

칼날을 들어올릴 때는 칼날 부분이 잡고 있는 손 마디 위로 올라오지 않도록 조심하자.

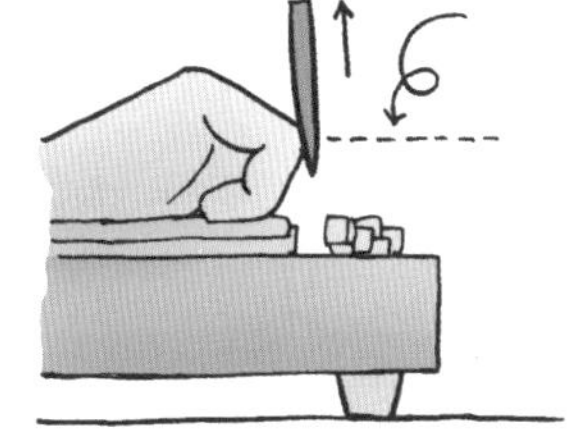

이후 계속 반복! 그러나 가장 중요한 건

우히히히히
히히히~
다다다다다다~

무조건 안전~!!!

계란해장국

곤드레만드레~

다음 날 해장국이 필요하다.
콩나물국, 선지국, 북어국, 감자탕, 순대국밥 ····

냉장고에 뭐가 있나 ····

······

탈탈

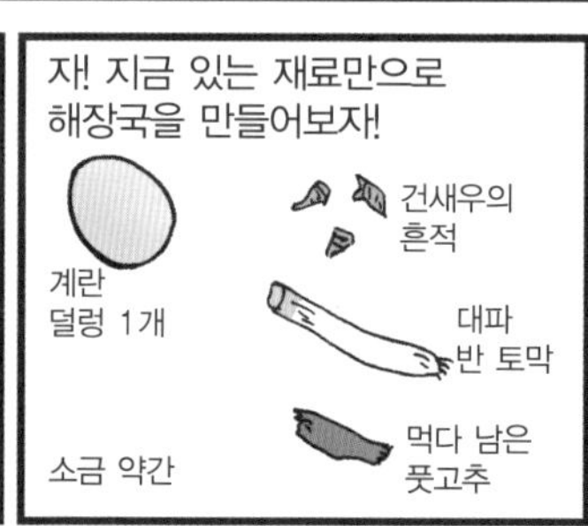
자! 지금 있는 재료만으로 해장국을 만들어보자!
계란 덜렁 1개
건새우의 흔적
대파 반 토막
소금 약간
먹다 남은 풋고추

라면 1개 정도 끓일 물에 파, 고추를 넣고 끓인다.

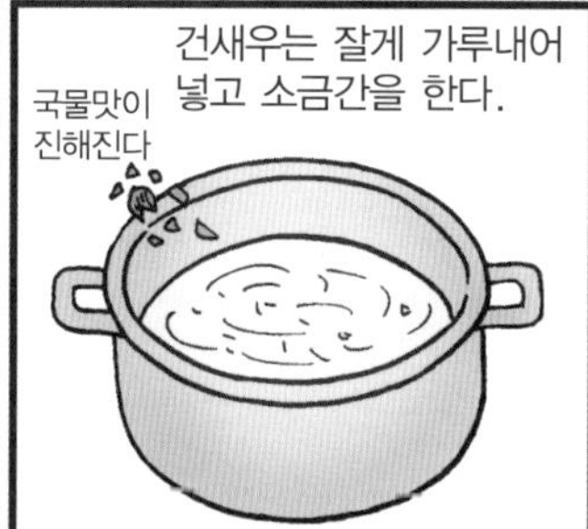
건새우는 잘게 가루내어 넣고 소금간을 한다.
국물맛이 진해진다

계란을 미리 잘 풀어준다.

팔팔 끓고 있는 국물에 계란을 넣고 잘 풀어준다.(계란이 엉키면 안 된다.)

거품이 생기기 직전에 반드시 불을 끈다! (덩어리가 생기면 맛과 해장 효과가 떨어진다.)

먹는다···
자~ 해장술도~
····

김구이 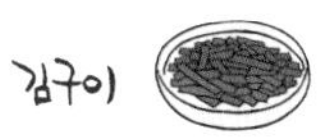

맛있는 반찬 김!

두고두고 먹을 수 있지만

오래되면 눅눅해진다.

오래된 김은 그냥 먹기엔
비리고 버리기엔 아깝다.

설탕 김구이로 재활용하자.
눅눅해진 김
설탕 밥숟갈 1/2
식용유 밥숟갈 1 정도

김을 잘게 자른다.

충분히 달군 프라이팬에
식용유를 얇고 넓게 두르고

김을 넣고 설탕을
고루 뿌려준 뒤

중불로 20~30초간 굽는다.
타기 쉬우니 주의!

김의 물기가 다 날라갔다
싶으면 완성~

맛있는 밥반찬이다.

물론 좋은 맥주 안주이기도 하다.

마른오징어 불고기

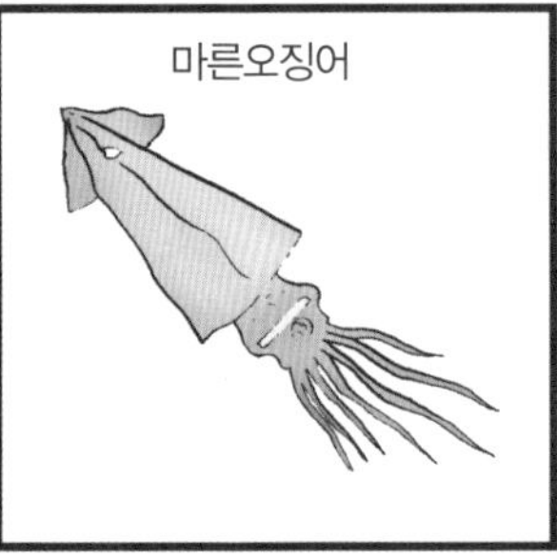
마른오징어

그냥 먹어도 되지만

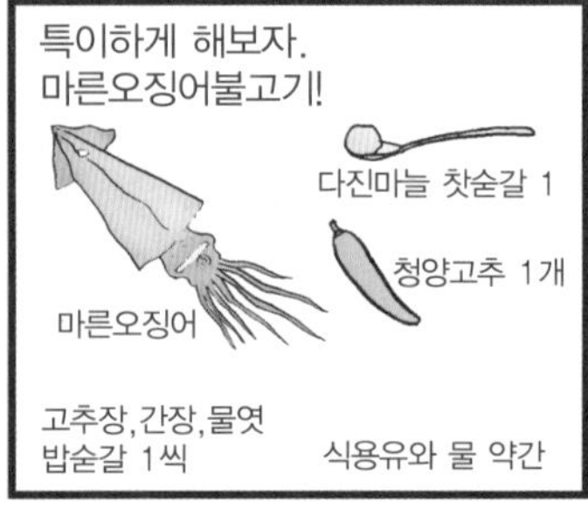
특이하게 해보자.
마른오징어불고기!
다진마늘 찻숟갈 1
청양고추 1개
마른오징어
고추장,간장,물엿
밥숟갈 1씩
식용유와 물 약간

먼저 오징어를 물에 불린다.
3시간이상

오징어가 다 불면 껍질이 없는 안쪽에 칼집을 낸다.
안쪽 갈색
껍질 보라색

고추장, 간장, 물엿, 다진마늘, 다진고추로 양념장을 만든다.

오징어에 양념장을 바른다.
(양념장 속에 넣어 숙성시키면 좋다.)

프라이팬에 식용유를 두르고 오징어를 굽는다.
칼집낸 안쪽을 먼저 굽는다.

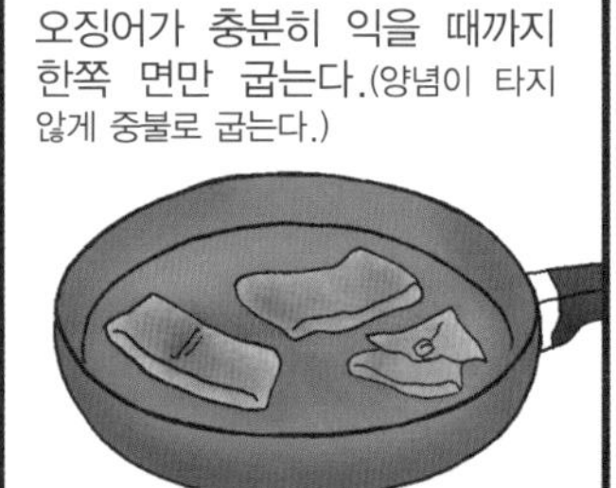
오징어가 충분히 익을 때까지 한쪽 면만 굽는다.(양념이 타지 않게 중불로 굽는다.)

다 익힌 후 껍질 쪽으로 뒤집으면 오징어가 돌돌 말린다.

가위로 먹기 좋게 자른다.

당연히 훌륭한 술안주~
....

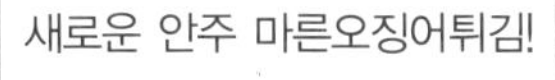
새로운 안주 마른오징어튀김!

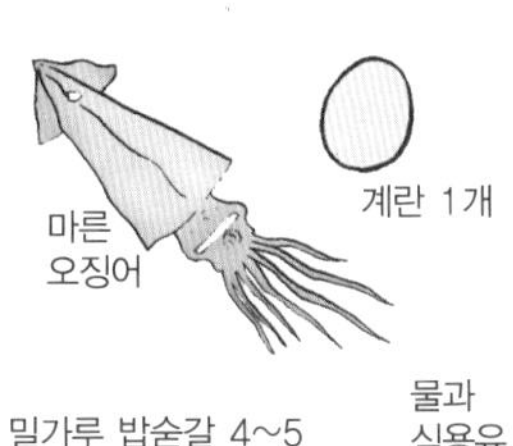
계란 1개
마른
오징어
밀가루 밥숟갈 4~5
물과
식용유

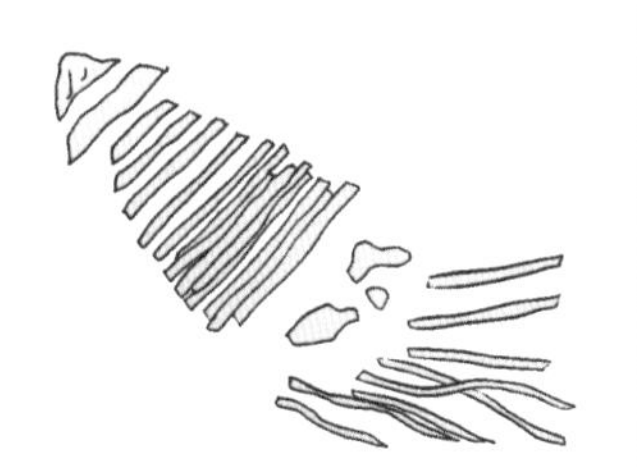
마른오징어는 가늘게 찢거나 자르고

물에 2시간 이상 불린다.

밀가루와 계란, 물을 넣고
튀김옷을 만든다.(약간 걸죽하게)

오징어를 넣고 버무린다.

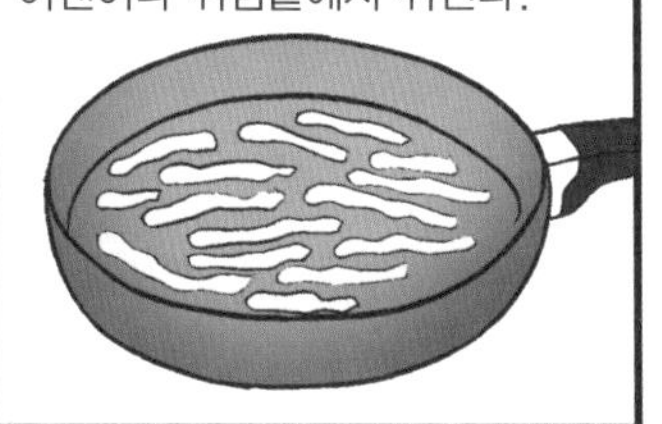
오징어를 하나씩 건져내어 프라
이팬이나 튀김솥에서 튀긴다.

노릇노릇하게 익으면 완성

역시나 훌륭한 술안주다.

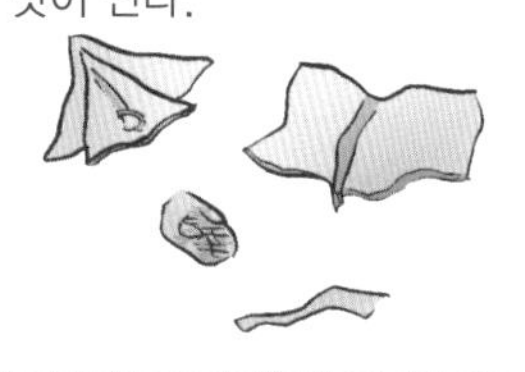
마른오징어 껍질이나 다리 등
이 남았으면 라면을 끓이거나
국물 낼 때 사용하면 개운한
맛이 난다.

이것도 역시 술안주다…

그리고 이렇게 술을 마시면

개가 될 수 있다. 조심하자.

양배추 요리(양배추쌈, 양배추김치)

과음의 최후는

술병···

술병뿐이다.

해장국은 기본이고

위에 좋은
음식을 보충하자.
그것은
양배추!

가장 흔하게는 샐러드를
해먹겠지만

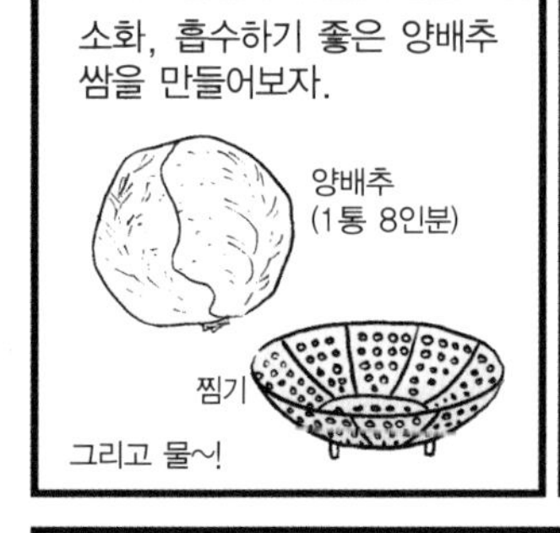
소화, 흡수하기 좋은 양배추
쌈을 만들어보자.
양배추
(1통 8인분)
찜기
그리고 물~!

파랗고 거친 겉껍질은 버리고
하얀 속살만 사용한다.
하얀
속살이다

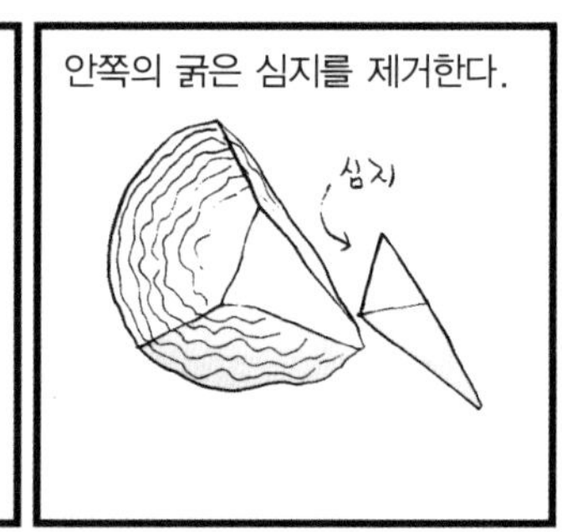
안쪽의 굵은 심지를 제거한다.
심지

찜기를 준비하고

양배추를 한 장씩 떼어내어
올린다.

뚜껑을 덮고 끓인다. 물이 끓어
오르면 3~5분 정도 찐다.

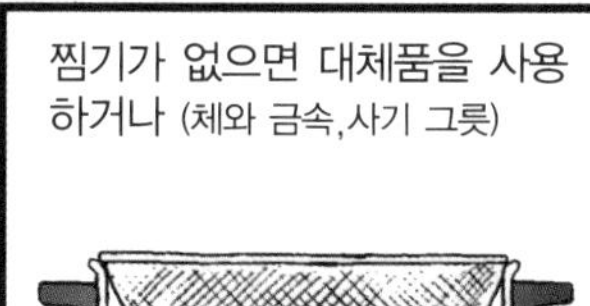
찜기가 없으면 대체품을 사용 하거나 (체와 금속, 사기 그릇)

그냥 살짝 데친다.
(단맛이 좀 덜하다.)

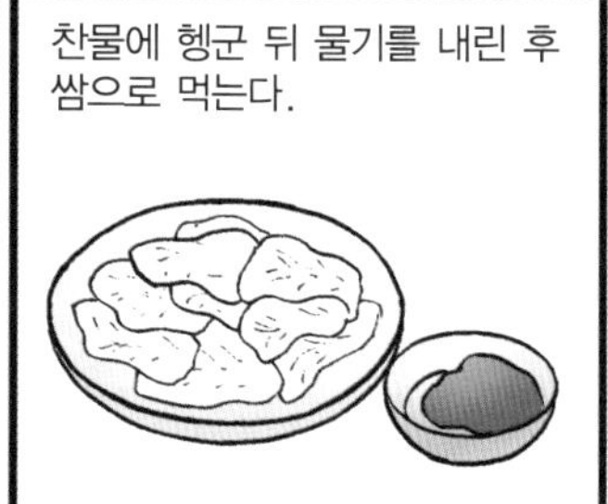
찬물에 헹군 뒤 물기를 내린 후 쌈으로 먹는다.

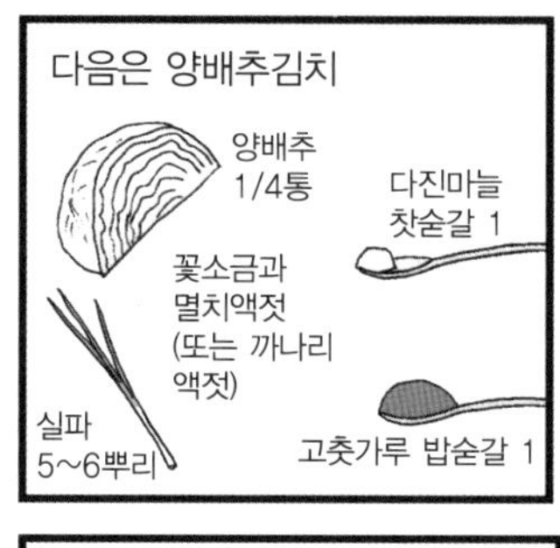
다음은 양배추김치
양배추 1/4통
다진마늘 찻숟갈 1
꽃소금과 멸치액젓 (또는 까나리 액젓)
실파 5~6뿌리
고춧가루 밥숟갈 1

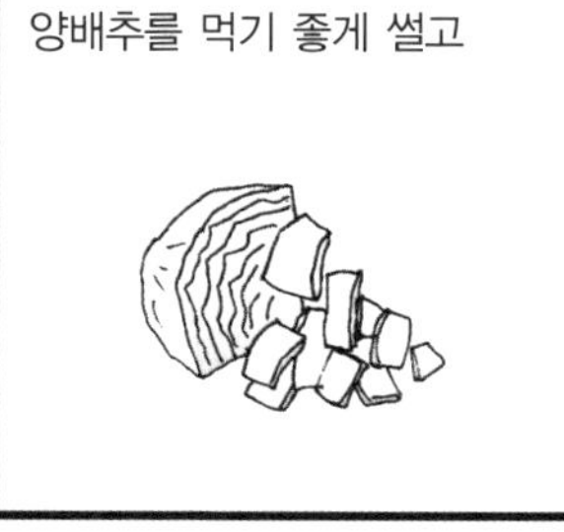
양배추를 먹기 좋게 썰고

소금으로 버무린 뒤
(밥숟갈 1정도 넣는다.)

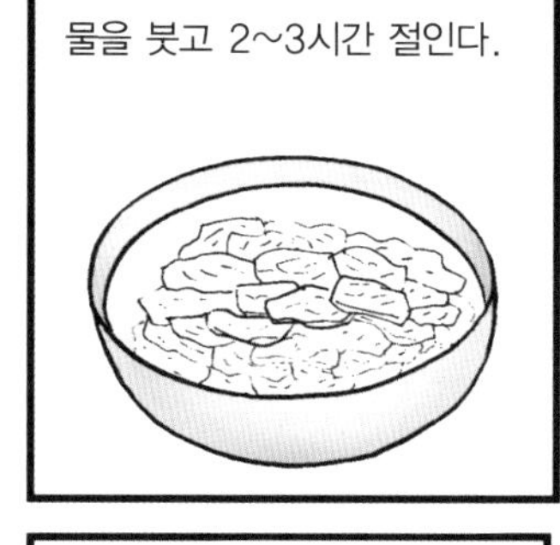
물을 붓고 2~3시간 절인다.

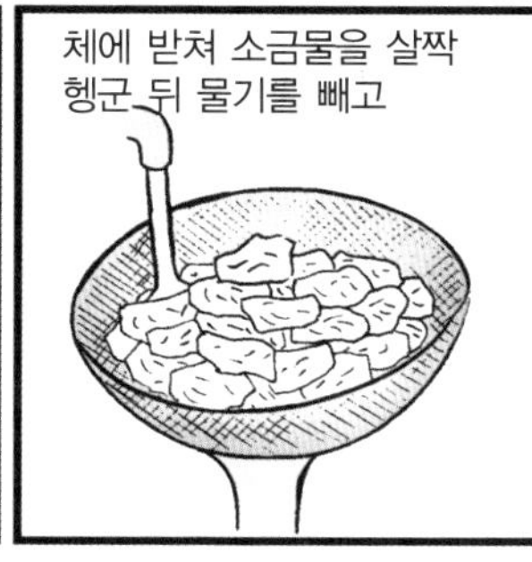
체에 받쳐 소금물을 살짝 헹군 뒤 물기를 빼고

고춧가루, 액젓, 다진마늘, 실파, 다진고추 등을 넣고 버무린다.

아삭하고 매콤, 짭짤, 달콤한 양배추김치 완성~

이제 술좀 작작먹자..
그래.. 좀 쉬자.

내일은 어디서 술약속이 있더라?
......

탕수육재활라조육

탕수육이 남았다.

어떤 자취생이 탕수육을 남기냐?
맞어! 말도 안돼!!

하루만 지나면 매우 딱딱해진다.

딱 —

이럴 때 라조육을 만들어보자.

간장(밥숟갈 2),
물엿(밥숟갈 1),
고춧가루(밥숟갈 1),
소주(1잔)
말라버린 탕수육
다진마늘 1개
양파 반 개
당근 반 개
피망 반 개
오이 반 개

먼저 야채들을 채썬다.
(고기와 먹기 좋게)

간장, 물엿, 소주, 고춧가루, 다진마늘로 양념장을 만든다.

프라이팬에 기름을 두르고 탕수육을 먼저 볶는다.

당근을 넣고 같이 볶다가

당근이 어느 정도 익으면 피망과 양파를 넣는다.

양념장을 넣고 양념이 탕수육에 배어들게 볶는다.

불을 끄기 직전, 오이를 넣고 숨이 살짝 죽을 때까지만 볶는다.

그릇에 덜으면 완성~

이번~엔 빼갈과함께! ~끅!
....

단무지무침

단무지와 양파

자취생에겐 귀중한 반찬이다.
단무지를 그대로 내놨니기 ···

그냥 냉장고에 보관해도 되지만
내가 쓰레기통이냐?!

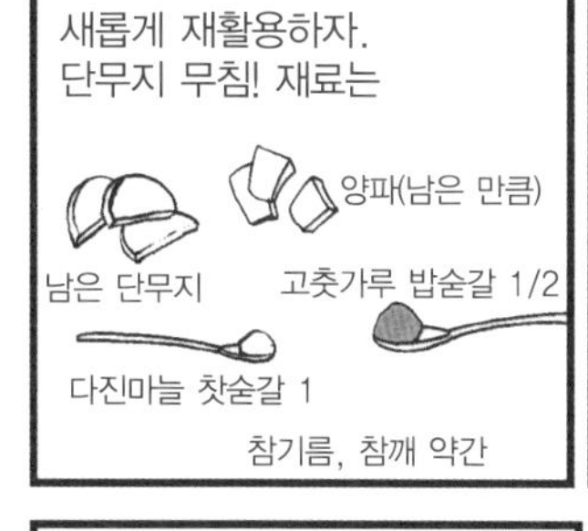
새롭게 재활용하자.
단무지 무침! 재료는
양파(남은 만큼)
남은 단무지
고춧가루 밥숟갈 1/2
다진마늘 찻숟갈 1
참기름, 참깨 약간

단무지를 작게 썰고

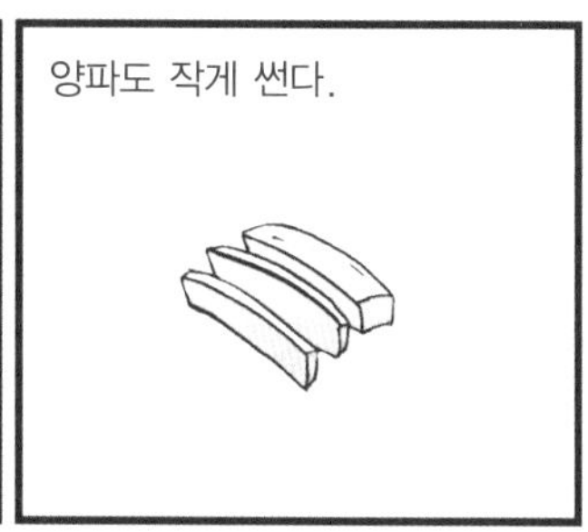
양파도 작게 썬다.

고춧가루, 다진마늘, 참기름,
참깨 등을 넣고

골고루 섞는다.

반찬통에 담아 밑반찬으로
먹는다.

......
......

......
......

순대볶음

분식집의 영원한 우상 순대!

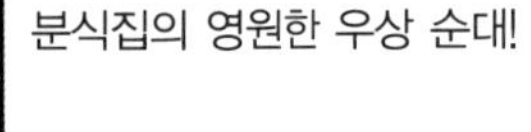

훌륭한 간식 & 술안주이지만

남으면 처치 곤란···

또 남겼어?!
나만 고생이군
····

순대볶음을 해먹자.

깻잎
1~2장
남은 순대
마늘 2개
대파
10cm
청양
고추
양파
반 개
양배추
2~3장

고추장
밥숟갈 1
남은 소주 1잔
간장 밥숟갈 1
다진생강 찻숟갈 1/5
고춧가루
밥숟갈 1
식용유 조금

양파와 깻잎, 고추, 양배추, 대파 등을 잘게 썰어준다.

고추장, 간장, 다진마늘, 다진생강, 소주를 넣고 양념장을 만든다.

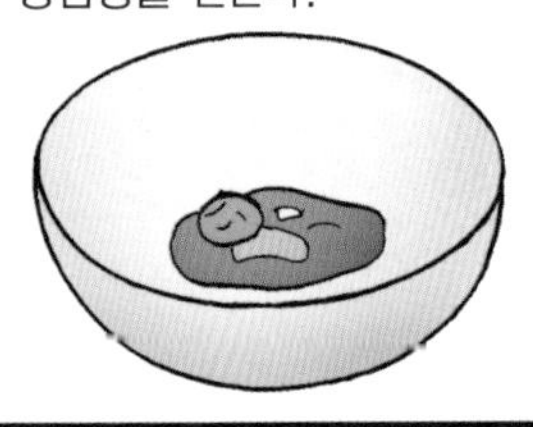

프라이팬에 식용유를 두르고 순대와 양념장, 양배추, 양파, 대파를 넣는다.

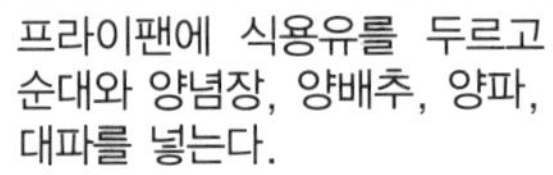

어느 정도 양념이 배어들었을 때 깻잎과 고춧가루를 넣는다.

2~3분 정도 볶아서 국물이 거의 졸아들면 완성~!

저녀석 들은
밥은 언제 먹지??
····

순대가 남았다.
어제 먹던 안주 ~

볶음을 하기엔 조금 부족한 양
말라버린 순대
염통
꼬다리
간

이걸 그냥 먹으면 차갑고 퍽퍽 하니 맛없다.

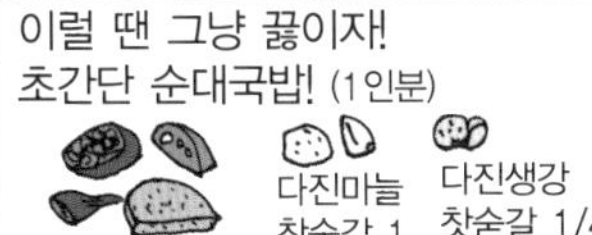
이럴 땐 그냥 끓이자!
초간단 순대국밥! (1인분)
다진마늘 찻숟갈 1
다진생강 찻숟갈 1/4
남은 순대 1/4인분

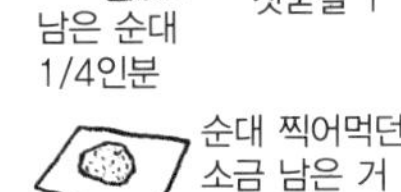
순대 찍어먹던 소금 남은 거
청양고추 1개

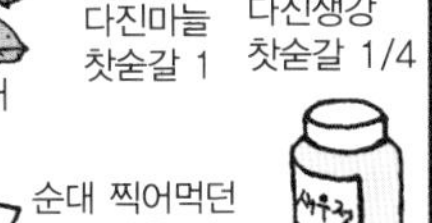
새우젓
새우젓 찻숟갈 2

뚝배기에 머그컵 2잔 정도 물을 넣고 간, 꼬다리, 염통을 넣고 끓인다.

다진마늘과 새우젓, 생강을 넣고 5분 정도 끓인다.

국물이 보글보글 끓고 있을 때 순대를 넣는다.

순대를 처음부터 끓여도 되지만 오래 끓이면 당면이 불어서 껍질과 분리된다.

소금과 함께 고춧가루나 고추기름(있으면), 청양고추를 넣는다.

2~3분 정도 더 끓이면 생각보다 그럴듯한 순대국이 완성!
찬밥이 있으면 이때 같이 넣고 끓인다.

시원하게 속풀면서~
....

당연히 해장술도 한잔 ~!
....

닭백숙

힘들다···

체력 보충이 필요하다.

뭐가 좋을까?
그냥 술을끓여!!

가격 대비 최강의 보양식~! 닭백숙을 끓여보자.
닭 한 마리
통마늘 약 10개
황기 3~4가닥
소금, 후추

먼저 닭을 구입하자.
원래는 통으로 넣지만
한 번에 다 먹기 힘들다.

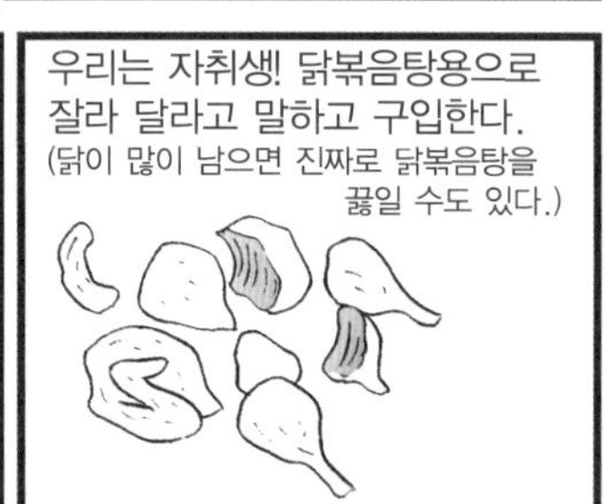
우리는 자취생! 닭볶음탕용으로 잘라 달라고 말하고 구입한다.
(닭이 많이 남으면 진짜로 닭볶음탕을 끓일 수도 있다.)

최고급 토종닭이 아니라면 닭을 살짝 끓여서 잡냄새와 지방을 제거한다.(끓어오르기 시작할 정도까지)

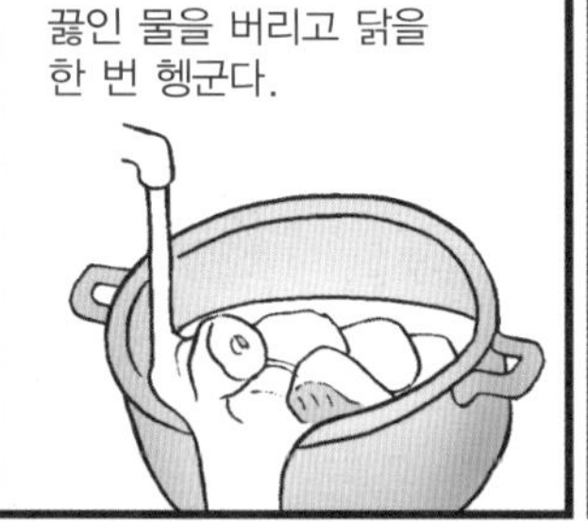
끓인 물을 버리고 닭을 한 번 헹군다.

깨끗한 물을 받고 마늘,황기를 넣고 푹~ 끓인다.

너무 졸아들지 않게 물을 조금씩 넣으면서 30분~1시간 정도 푹 ~ 끓인다.

소금, 후추를 곁들여 먹자~!
술 사들고 와라! 별식이다!!

닭죽

닭백숙은 남기 십상이다.

마지막 한 방울까지 다 먹기 위해
닭죽을 끓이자~!!!
저것들이 왜 술을 안 먹고 있지?!!!!
쪽
쩝
쩝

재료는 닭백숙과 같다. 그리고
찹쌀 또는 남은 밥이 필요하다.

원래는 찹쌀을 닭국물에 넣고
푹~ 끓여야 하지만

남은 찬밥을 넣어도 훌륭한
닭죽이 된다.
나는 라면국물과 약혼한 몸!

국물에 남은 닭고기 살을 넣고
(백숙을 먹기 전에 먹으면서 끓여도 된다.)
남은 살이 ....

찬밥을 넣고
끓인다.
(눌러붙지 않게 주의)
엇! 라면이 아니잖아?!

밥알이 죽처럼 뭉개지면 완성.
소금과 후추로 간을 해서
먹는다.

뭐 잊은거 없냐?
아! 맞어!

혹시나 했더니
역시나로군…

여자들이
좋아하는 남자는
어떤 남자라
생각하냐?
나처럼
잘생긴 남자?

그거 말고 또
뭐가 있을까?
글쎄 ~
??
돈 아니겠어?
돈과 능력 !!!
히~
술이다~
그렇게
쉬운거 말고~
~ 딸꾹!
뭐, 운동 잘하는
남자도 있고‥
나 정도의
멋진 성격 !
내 생각엔
유머감각이랑
말빨같아 !

어 왔어?!
안녕~!
무슨 얘기해?
여자들이
좋아하는 남자?
난 조인성~
에이~
그런거 말고~

굳이 말하자면 일단 상대 여성에게 배려심이 있어야 되지! 그건 무조건
그 여자만 위하는게 아니라 그 입장에서 생각해보려 노력하는 자세가 되어
있어야 한다는 거지! 일단 기본적으로 남자들은 애같은 부분이 있어서 지만 생
각하고 지 위주로만 바라고 행동하는 경향이 있거든. 그런것을 극복한 사람을
통칭해서 '매너있는 남자'라고 하는거야. 기본적으로 성격이 좋은것은 두말할
것도 없고 그런 성격으로 사회생활을 할테니 성공할 확률이 높겠지? 거기
에 더해 능력을 갖추고 자기 자신에 대한 당당함으로 여성을 강하
게 이끌어 주면서도 따스한 배려심으로 언제나 기댈수 있으면서도
의외로 약한 구석도 있어 언제라도 내 어깨와 품을 빌려주고 싶
은.. 키는 180에 가까우면 좋고 몸매는 평균이면 되고 담배는
피우지 않는 조인성 같이 생긴 남자!

그래서?
너가 아니라는거~!

돈과
능력~!
외모와
성격이래니
~!
말빨과
유머야~
사실 난
요리 잘하는 남자~!
맛있는거~!

북어포활용 (북어포양념구이, 북어포계란국, 북어포구이)

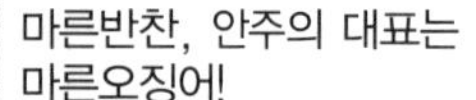

마른반찬, 안주의 대표는
마른오징어!

오징어와 땅콩의 조화! 히히!!!

그에 맞서는 건어물의
또 다른 강자! 그건 바로…

그건 바로 나! 북어포지!

오히려 오징어보다 쓰임새가 더 많다.

우린 뼈대있는 집안이거든~
북어국
북어채무침,
북어포구이,
부적,
몽둥이,
펀칭머신…

초간단 저렴한 북어포 활용 첫 번째!
북어포양념구이를 만들어보자!(2인분)

북어포
1개

고추장 밥숟갈 1
간장 밥숟갈 2
물엿 밥숟갈 1/2

다진파, 마늘, 고추
밥숟갈 1/2씩
물, 식용유 약간

고추장, 간장, 물엿, 다진파,
마늘, 고추를 넣고 양념장을
만든다.

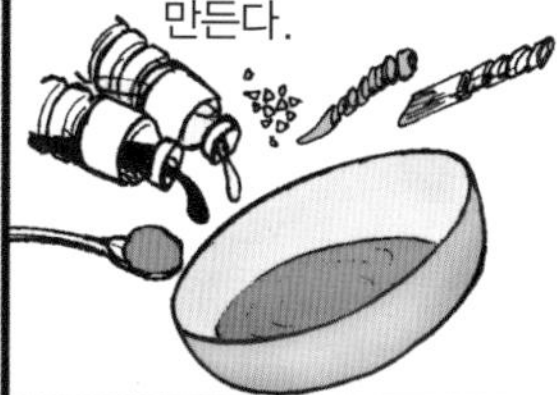

양념장의 양만큼 물을 부어
묽게 만든 뒤 넓은 그릇에
옮겨 담는다.

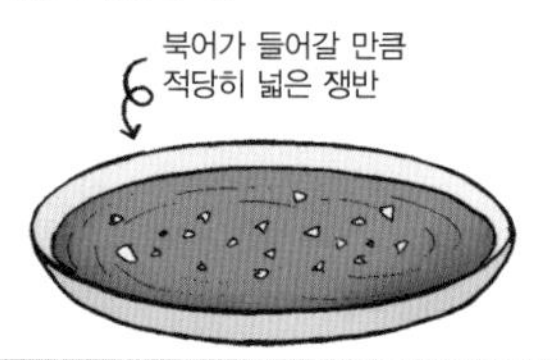
북어가 들어갈 만큼
적당히 넓은 쟁반

북어포의 머리와 지느러미,
남은 뼈를 다듬는다.

다듬은 북어를 물에 적신 뒤

양념장을 골고루 앞뒤로 묻히고
양념이 스며들도록 한다.

반나절 이상 숙성시키면 더 좋다.

프라이팬에 기름을 살짝 두르고
충분히 달군 뒤 북어를 올리고
굽는다.

뒤집어 구운 뒤 적당히 다 익으면
북어포양념구이 완성!

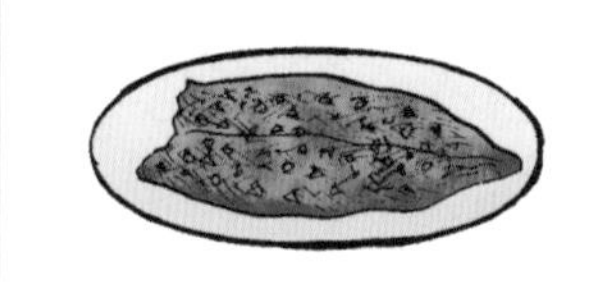

비용과 노력에 비해 매우 풍성한
밥반찬이 된다.

가위로 잘라먹어도 된다.

북어포 활용 두 번째!
북어포계란국이다.

재료는

계란 1개
대파 조금
북어포 찌끄러기
소금 약간

북어포를 다듬고 남은 머리와 꼬리, 지느러미 등을 냄비에 넣고 끓인다.

물은
라면 2개
끓일 분량

중간에 대파를 넣고 물이 반으로 줄어들 때까지 계속 끓인다.

충분히 끓여 국물이 우러나면 북어를 냄비에서 건져낸다.

소금간을 하고 계란을 넣은 뒤 휘휘 저어서 풀어준다.

계란이 엉키기 전에 불을 끄면 완성!

북어포 활용 세 번째!
그냥 북어포구이는

다듬은 북어를
물에 적신 뒤

그대로 물기가 없어질 때까지 불에다가 바로 굽는다.

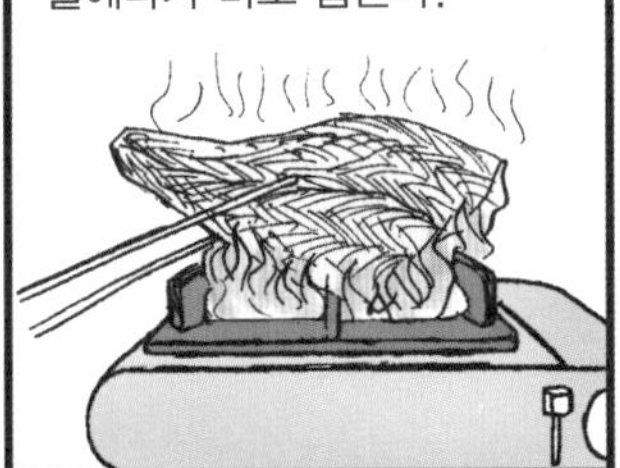

고추장이나 마요네즈, 간장 등을 찍어먹으면 훌륭한 안주가 된다.

또 하나! 숨겨진 별미는 호프집 안주로 나오는 노가리의 살 발라먹은 가시!

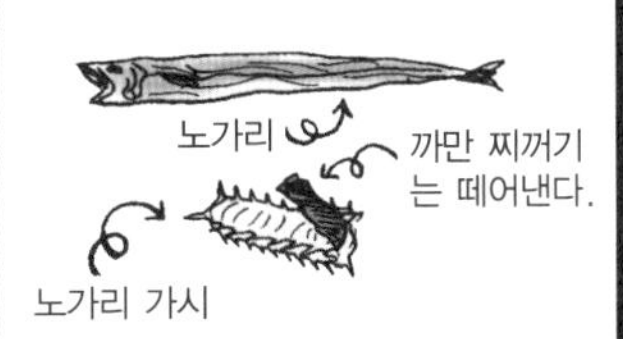
노가리
까만 찌꺼기
는 떼어낸다.
노가리 가시

찌꺼기를 떼어낸 가시는 그대로 꼭꼭 씹어 먹어도 되고 프라이팬에 한 번 구우면 바삭하고 더 고소해진다.

고추장, 마요네즈, 간장을 찍어먹는다.

이상
북어포 완벽
활용법입니다!

고추장아찌

조상들의 지혜가 담긴
장기 저장 식품들

언제나 엄마에게 받을 순 없다.
엄마~ 반찬좀~
운송비 포함 10만원이다~

밑반찬 중 비교적 쉬운
고추장아찌를 만들어보자.

재료는
고추(10월경 재래시장에 가면 끝물 고추를 떨이로 싸게 판다.)
양파
마늘
간장(일반 양조간장)
간장
소주
소주
식초(일반 양조식초)
식초
다 먹은 고추장통
저장 용기 (과실주용 유리병)

집에 있는
냄비나 솥에
간장, 식초, 소주를
1:1:1 같은
비율로 넣는다.
작은 냄비에 담아 부으면 양을 측정하기 편하다.
소주
식초

설탕은 다른 재료의
1/2~1의 비율로 넣는다.
설탕

설탕이 잘 섞이도록 저어주며
끓인다.

끓기 시작하는 바로 그 순간!
(보글보글 거품이 생기기 직전)
불을 끈다.

완전히 식힌다.

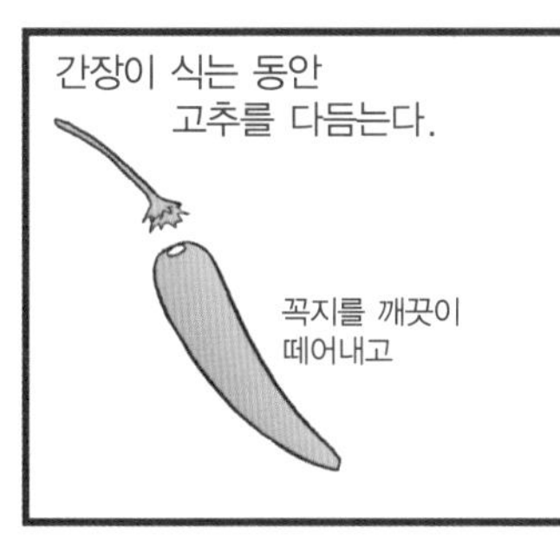
간장이 식는 동안
고추를 다듬는다.
꼭지를 깨끗이
떼어내고

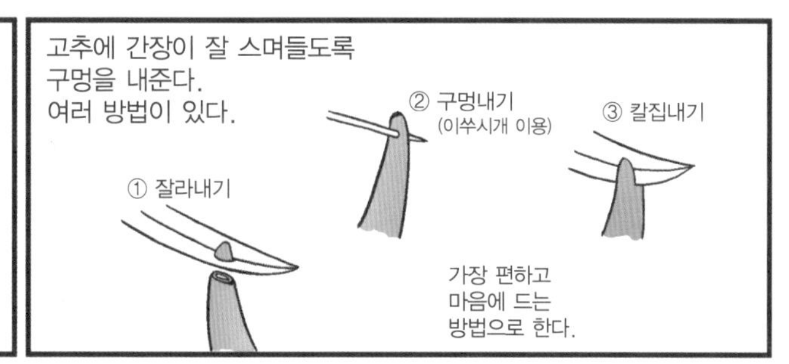
고추에 간장이 잘 스며들도록
구멍을 내준다.
여러 방법이 있다.
① 잘라내기
② 구멍내기
(이쑤시개 이용)
③ 칼집내기
가장 편하고
마음에 드는
방법으로 한다.

양파는 세로로 썰어준다.
나중에
꺼내먹기 편하다.

마늘은 껍질을 벗기고
깨끗이 씻어놓는다.

저장 용기에 고추, 양파, 마늘을
골고루 섞어넣는다.

완전히 식힌
간장을
붓는다.

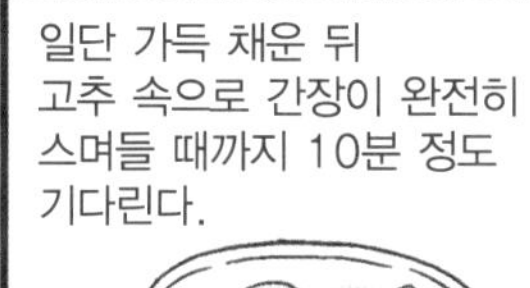
일단 가득 채운 뒤
고추 속으로 간장이 완전히
스며들 때까지 10분 정도
기다린다.

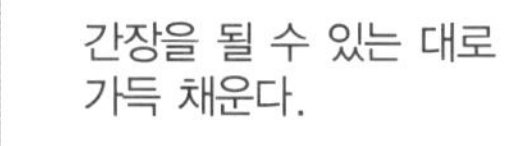
간장을 될 수 있는 대로
가득 채운다.

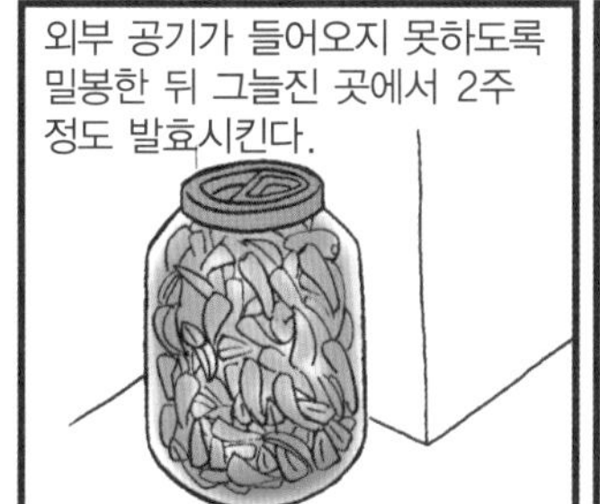
외부 공기가 들어오지 못하도록
밀봉한 뒤 그늘진 곳에서 2주
정도 발효시킨다.

2주 후부터 꺼내먹자.
침이 묻지 않은 깨끗한
도구로 꺼낸다.
보관은 간장에 내용
물이 완전히 잠기도
록 하는 게 좋다.

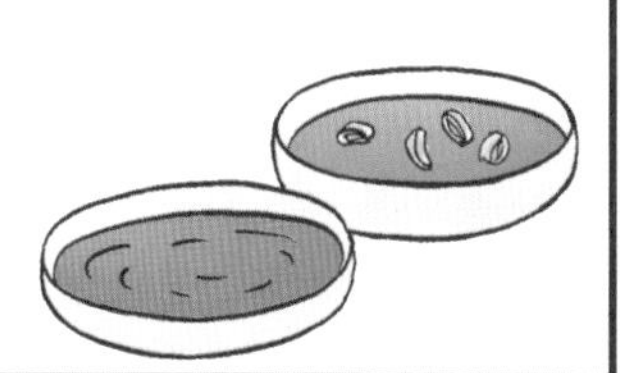
장아찌 간장은 전을 찍어먹는
양념장으로 좋고, 고추장을 타
면 초고추장을 만들 수 있다.

마늘쫑멸치볶음

마늘쫑···

왜 마늘쫑일까?
마늘이 쫑나서 ?

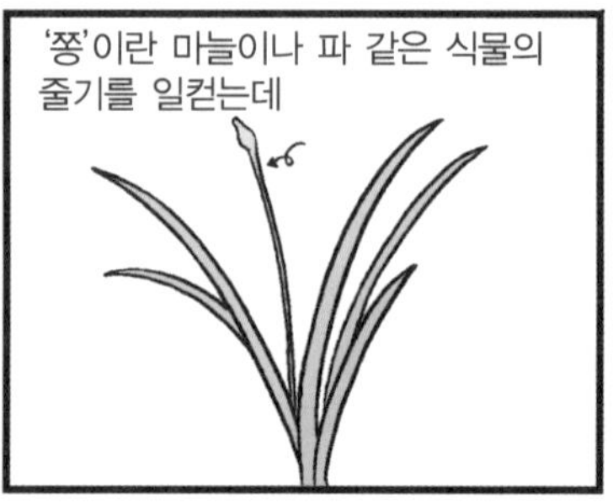
'쫑'이란 마늘이나 파 같은 식물의 줄기를 일컫는데

줄기 끝에 씨주머니가 있는 (꽃을 피우는) 둥근 줄기를 말한다.
대파에도 꽃이 핀다.

쪽마늘을 잘 여물게 하려면 이 마늘쫑을 뽑아야 한다.
(영양을 뿌리로 보내야 한다.)
쑤우-욱
으악!

'종'이 된소리 되기를 통해 '쫑'이 되었다고도 하는데, 정확한 어원은 며느리도 모른다.
난며느리가 아닌데 ?

마늘쫑 요리를 알아보자.
먼저 씻어서 끄트머리를 따고

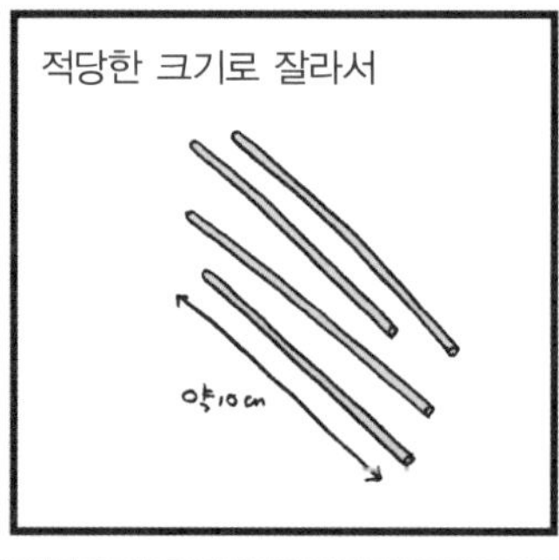
적당한 크기로 잘라서
약10cm

고추장이나 마요네즈를 찍어먹는다.

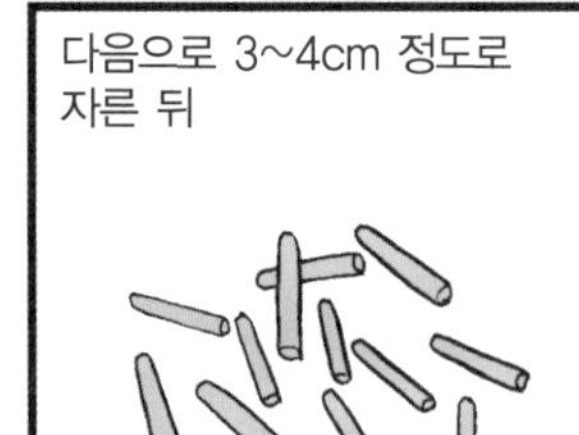
다음으로 3~4cm 정도로 자른 뒤

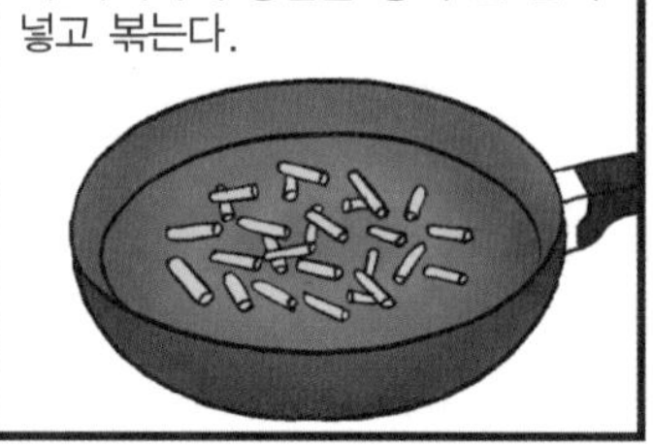
멸치볶음이나 마른새우볶음을 할 때 마지막에 양념을 넣기 전 먼저 넣고 볶는다.

마늘쫑멸치볶음 완성.

다음으로 초간단 마늘쫑고추장 장아찌~!

엄마 ~
반찬좀 ~
물가가 올라서 15만원 이다~!

재료는

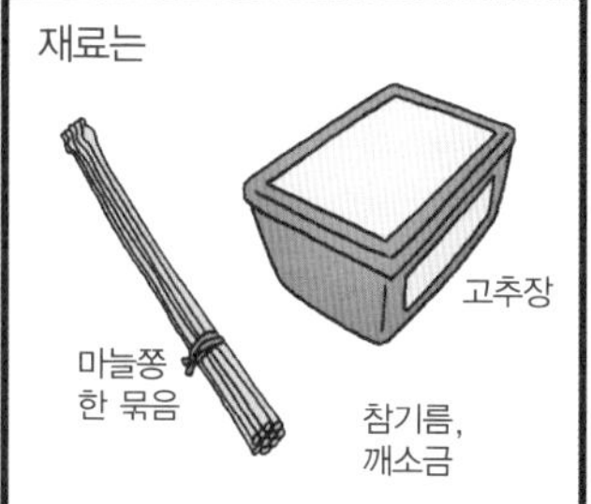
고추장
마늘쫑
한 묶음
참기름,
깨소금

잘 씻어서

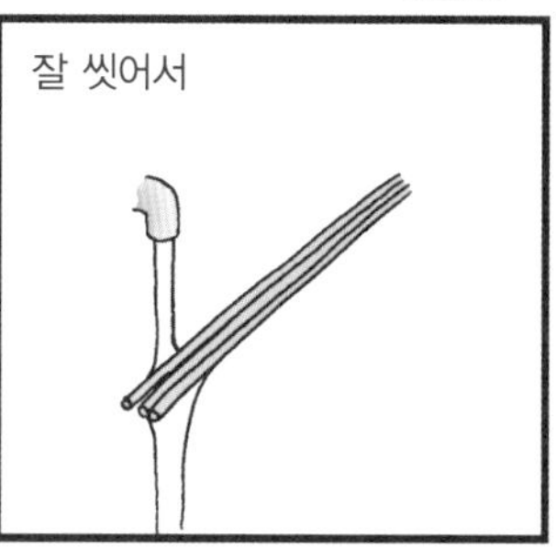

3~4cm 정도 크기로 자른다.

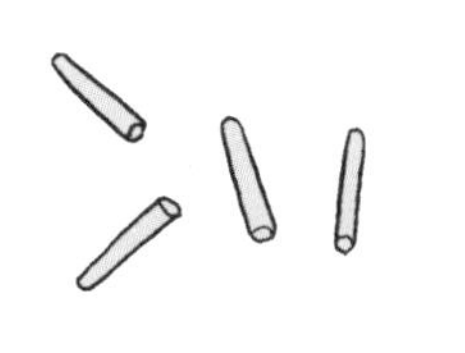

넓은 쟁반에 넓게 펴서

베란다에서 한나절 정도 말려 물기를 빼준다.

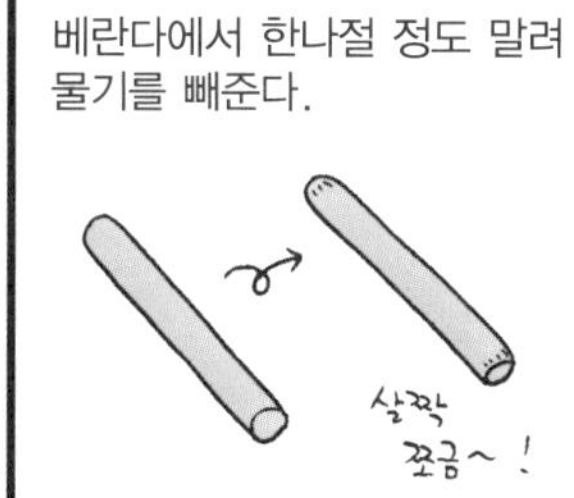
살짝
쪼금~!

고추장을 충분히 넣고
잘 버무린 다음

반찬통에 잘 담아서

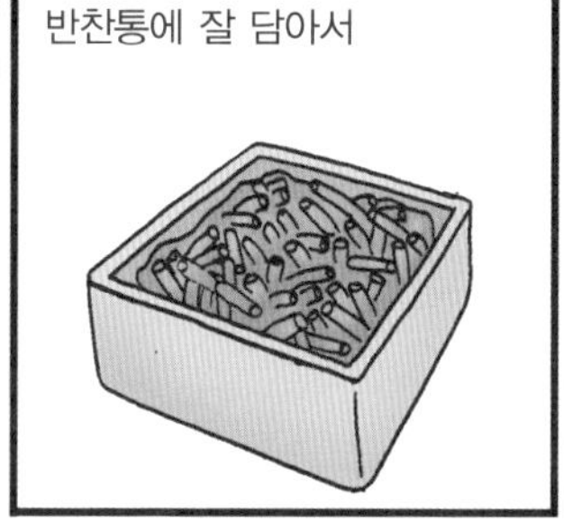

그늘에 3주 정도 놓아둔다.

먹을 만큼 꺼내서 참기름과 깨소금을 조금 넣고 무친다.

다 먹고 남은 고추장 양념은 제육볶음 등의 양념으로 재활용하면 좋다.

훌륭한 밥반찬~
역시 술안주~

소시지간장조림

80~90년대는 도시락의 시대!

멸치, 계란말이와 함께 도시락 반찬의 당당한 주역이었던 분홍 소시지!

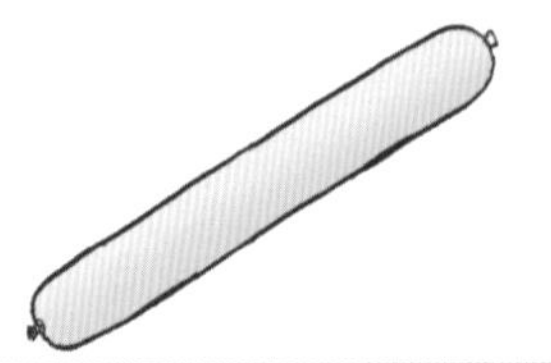

주로 계란옷 입은 소시지전이지만 새롭게 응용해보자.

간단히 할 수 있는 소시지간장 조림~!

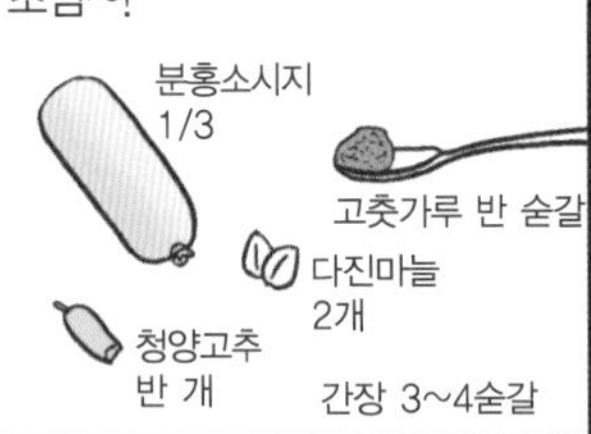
분홍소시지
1/3
고춧가루 반 숟갈
다진마늘
2개
청양고추
반 개
간장 3~4숟갈

소시지를 썰어서 냄비에 넣는다.

소시지가 3/4쯤 잠기도록 물을 붓는다.

다진마늘, 고춧가루, 간장 등을 넣고 끓인다.

눌어붙지 않게 살살 저어주며 국물이 1/4쯤 남을 때까지 끓인다.

자작하게 졸아들면 완성.

소시지는 반찬으로 먹고 국물은 밥에 비벼 먹으면 맛있다.

자! 먹어봐!
맛이 괜찮어~
.....

뭔가 많이
부실한데…
다른걸 좀 먹어야…

닭볶음탕

오늘은··· 뭐지···?!!!
왜이리 놀라남? 맛있는거 해줄께~

비장의 메뉴 닭볶음탕을 해주마!
재료 (2인분)
닭 반 마리
(정육점에 미리 말하면 닭볶음탕용으로 다듬어준다.)
양파 1개
감자 2개
대파 한 뿌리
청양고추 1~2개
다진마늘 밥숟갈 1/2
다진생강 찻숟갈 1/2
고추장 밥숟갈 1~2
간장 밥숟갈 2~3
남은 소주 2~3잔
물 약간

깨끗이 씻은 닭은 미리 한 번 살짝 끓인 후 물을 버린다.
(기름기와 잡냄새가 없어진다.)

닭을 끓이는 동안 야채를 다듬는다.

감자는 크게
양파는 작게
대파와 고추는 어슷썰기로

소주, 간장, 고추장, 마늘, 생강을 넣고 잘 섞어 양념장을 만든다.

닭과 감자를 양념장의 반만 넣고 냄비에서 한 번 볶는다.

닭고기에 양념이 어느 정도 배어 들면 나머지 양념장을 넣고, 재료가 완전히 잠길 정도로 물을 붓고 끓인다.

계속 끓이다가 물이 1/2 정도로 줄어들면 고추와 대파를 넣고 계속 끓인다.

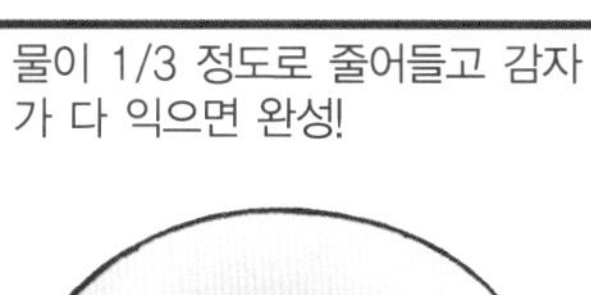

물이 1/3 정도로 줄어들고 감자가 다 익으면 완성!

오~!
어때! 감동적이지?

이집에 맛있는 것이 있다고 들었다!~
와우! 닭볶음탕~!!

느억맘 (피시소스)

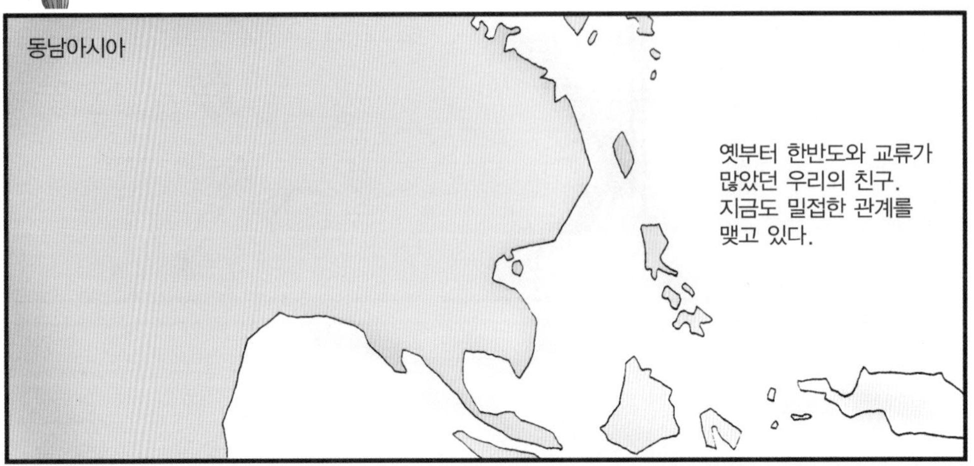

동남아시아
옛부터 한반도와 교류가 많았던 우리의 친구. 지금도 밀접한 관계를 맺고 있다.

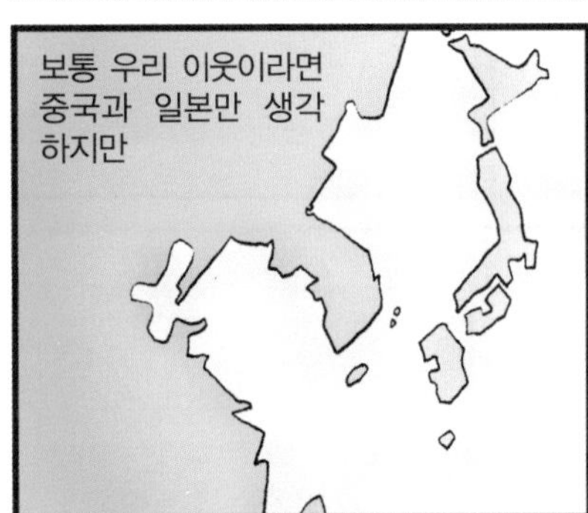

보통 우리 이웃이라면 중국과 일본만 생각하지만

동남아시아와의 교류는 우리가 생각하는 것보다 더 활발했으며, 한국의 음식문화에 많은 영향을 끼쳤다.
고대의 가야, 가라국은 인도에서 왔어요~

이 교류의 증거를 직접적으로 보여주는 것이 바로 느억맘이다.

영어로 흔히 '피시소스'라고 불리지만 불고기뿐만 아니라 오징어, 새우, 참게 등 다양한 해산물을 소금과 함께 항아리나 유리병에 발효시켜 그 위에 뜨는 액체만 떠내어 만드는 일종의 '간장'이다.

항아리 모양도 한국과 비슷하다.

동남아시아 나라들은 기후와 식생이 비슷하고 육로와 수로를 통한 교류가 활발했기 때문에 음식문화도 비슷한 경향이 있다. 느억맘도 영어로 통틀어 파시소스라 하지만 각 나라마다 각자의 이름이 있다.

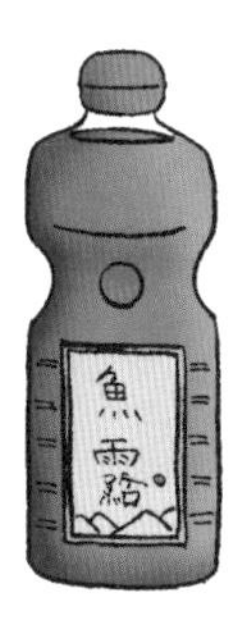

베트남어로 '느억맘'
타이어로 '남플라'
필리핀어로 '파티스'
캄보디아어로 '투크트리에'
미얀마어로 '응간피아예'
인도네시아어로 '케찹이칸'
한국어로 '어간장'이라고 불린다.

그리고
느억맘의 한국 버전인
어간장에 해당하는
훌륭한 대체품이
김치 담글 때
주로 사용하는
'액젓'이다.
까나리 액젓

더운 지방에서 만들어진 것으로 추정되는 '젓갈'이라는 이 음식류 자체가 동남아시아에서 해로를 통해 고대로부터 이주한 사람들과 함께 우리나라에 전해졌을 것이라 추정되기도 한다.

가자! 새로운 땅을 찾아서~!

동남아시아에서 한반도로의 이주와 문화 전파의 한 증거인 느억맘!
이제부터는 베트남 등 동남아시아의 음식들을 알아보자.

월남쌈

보답을 하고 싶다.

무언가 같이하는 재미가 있고
폼나면서도 저렴한 무엇…

그래!
이거야!

비교적 값싸고 여성들이 좋아하는 음식
월남쌈을 만들어보자.

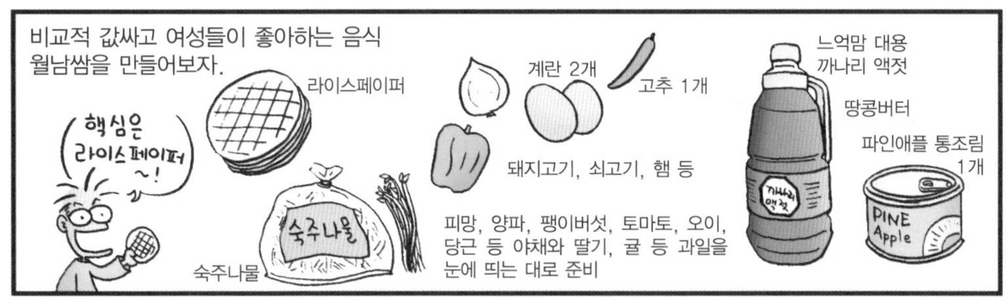
핵심은
라이스페이퍼
~!
라이스페이퍼
숙주나물
숙주나물
계란 2개
고추 1개
돼지고기, 쇠고기, 햄 등
피망, 양파, 팽이버섯, 토마토, 오이,
당근 등 야채와 딸기, 귤 등 과일을
눈에 띄는 대로 준비
느억맘 대용
까나리 액젓
까나리
액젓
땅콩버터
파인애플 통조림
1개
PINE
Apple

월남쌈 재료의 핵심,
쌈을 위한 라이스페이퍼!

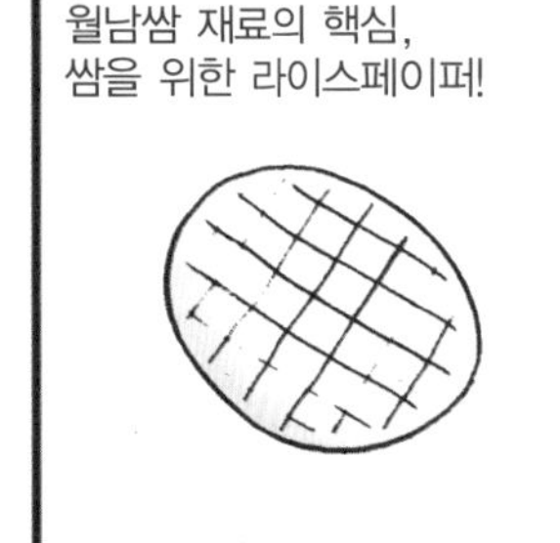

쌀의 전분만 가라앉힌 걸 얇게 펴서 살짝 구워낸 것으로 베트남을 비롯한 동남아시아에서는 주로 공장에서 생산한 것을 구입해 먹는다.

그리고 나머지 재료
손에 잡히는 대로…

근대화 이전에는
마을마다
라이스페이퍼
만드는 장인이
있었대요~
....

일단 빠지면 안 되는 재료,
숙주나물을 잘 씻고

양배추, 피망, 당근, 오이 등 야채를 가늘고 길게 썰어놓는다.

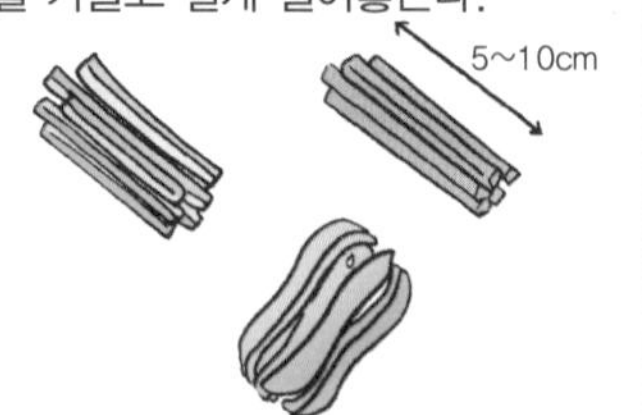
5~10cm

계란은 김밥에 넣는 것처럼 긴 모양으로 지단을 부쳐 자른다.

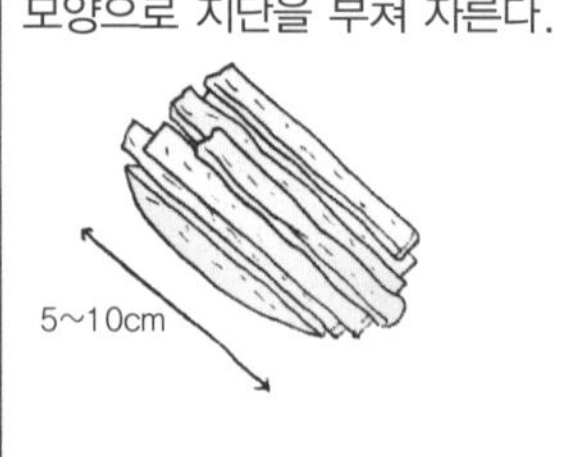
5~10cm

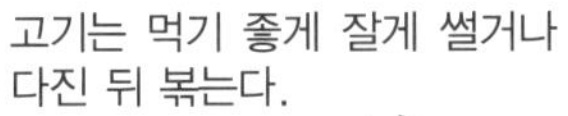
고기는 먹기 좋게 잘게 썰거나 다진 뒤 볶는다.

길게 해도 좋고
다져도 좋다.

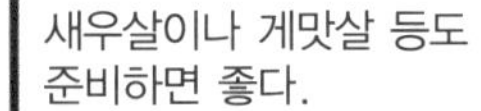
새우살이나 게맛살 등도 준비하면 좋다.

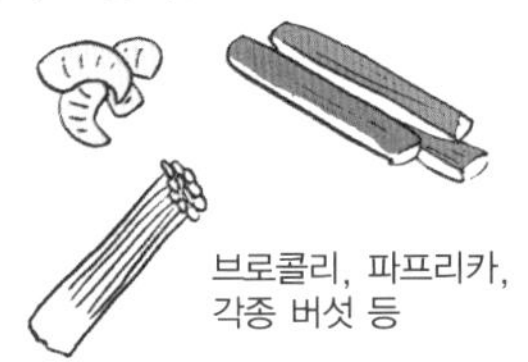
브로콜리, 파프리카, 각종 버섯 등

즉 있는 대로 준비하되 너무 자극적인 것은 피한다.

맛이 강한 생마늘이나 청양고추, 어패류 (고등어나 홍합) 등

느억맘 소스를 준비한다. 물 반 공기에 까나리 액젓(2~3숟갈), 식초(2~3숟갈), 설탕(1~2숟갈), 다진고추를 넣고 섞는다. 취향에 따라 농도를 조절한다.

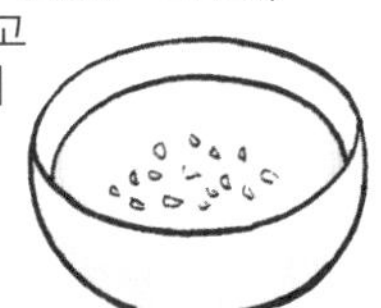

땅콩버터는 그냥 내놓아도 되지만 파인애플 통조림의 국물을 1:1로 섞어도 좋다.
(원래는 해선장이라는 소스를 섞는다.)

라이스페이퍼를 불려먹을 미지근한 물을 준비하고

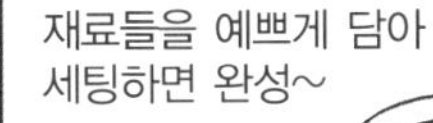
재료들을 예쁘게 담아 세팅하면 완성~

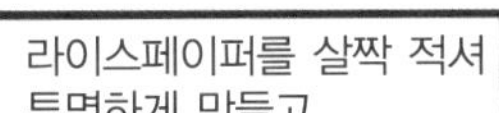
라이스페이퍼를 살짝 적셔 투명하게 만들고

먹고 싶은 재료들을 올리고

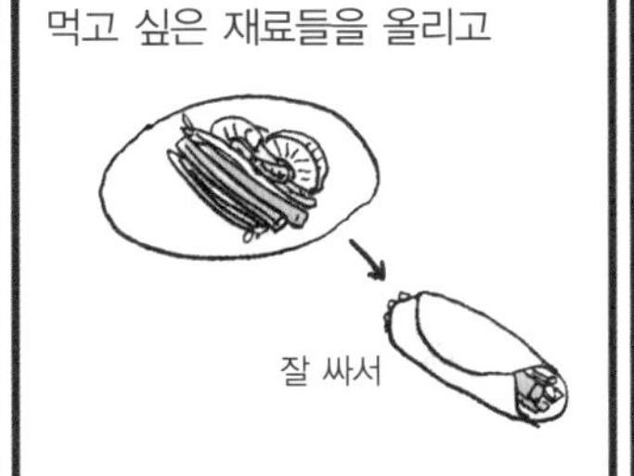
잘 싸서

준비한 소스를 찍어먹는다.

오~ 맛있어~!

넴(짜지오)

깔끔한 베트남 음식 2탄!

라이스 페이퍼!
너만 믿는다~!

베트남식 만두 '넴'을 만들어보자.

베트남 북부
하노이에선 '넴',
남부 호치민
에선 '짜지오'
라고 한다.

'넴'은 베트남의 가장 큰 명절인 구정이나 귀한 손님이 왔을 때 한국의 만두처럼 해먹는 음식이다.

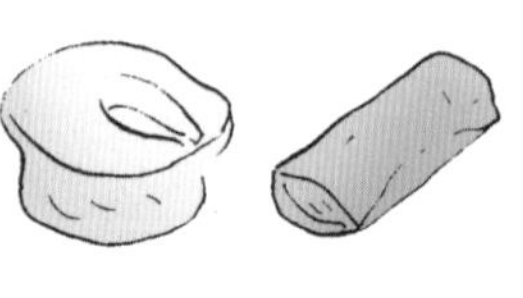

재료를 알아보자.(2인분)

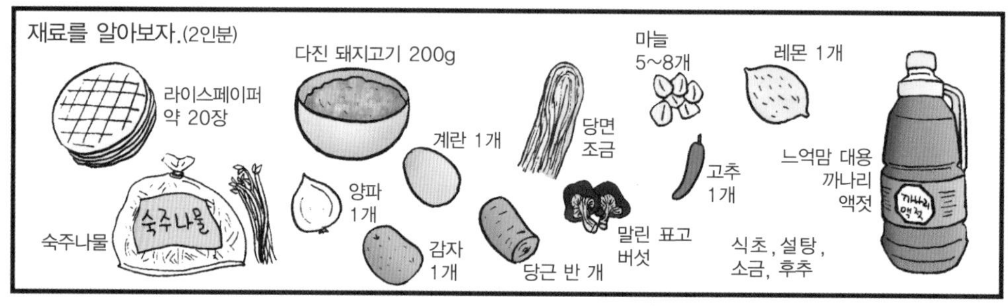

라이스페이퍼
약 20장
다진 돼지고기 200g
마늘
5~8개
레몬 1개
당면
조금
계란 1개
고추
1개
느억맘 대용
까나리
액젓
까나리
액젓
숙주나물
숙주나물
양파
1개
감자
1개
당근 반 개
말린 표고
버섯
식초, 설탕,
소금, 후추

미리 끓인 뜨거운 물에 당면과 말린 버섯을 불린다.

커다란 그릇을 준비하고

양파, 당근, 감자를 다져넣는다.

불린 버섯도 다지고

(베트남에선 '넘흥'이라는 향이 강한 버섯을 넣는다.)

당면을 1~2cm 길이로 자른다.

계란을 넣고 소금과 후추로 살짝 간을 한 뒤 다진마늘(2~3개)을 넣고 돼지고기와 다진 재료들을 잘 섞는다.

라이스페이퍼를 펼쳐서

손바닥에 물을 묻혀 살살 문지르며 적셔준다.(너무 많이 불리면 쌀 때 찢어진다.)

적신 라이스페이퍼에 속을 올리고

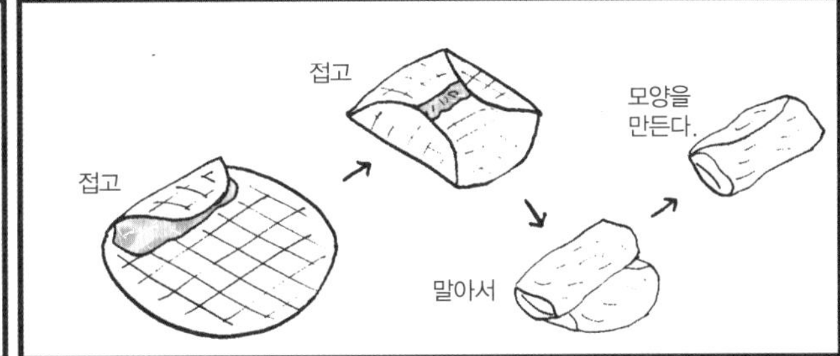
접고
접고
말아서
모양을
만든다.

느억맘 소스를 준비한다.
물 반 공기에 까나리 액젓(2~3숟갈), 식초(2~3숟갈), 설탕(1~2숟갈), 다진 고추, 다진마늘(2~3개), 레몬즙 1개 분량을 넣고 섞는다.

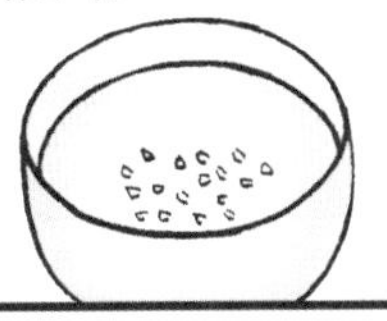

170도 기름에 튀겨야 하지만 튀김이 어려울 경우 프라이팬에 식용유를 많이 넣고 중불로 익힌다.

타지 않도록 잘 뒤집으면서 노릇하게 익히면 완성!

그냥 느억맘 소스를 찍어먹어도 되고

상추에 숙주나물을 곁들여 쌈으로 먹어도 좋다.

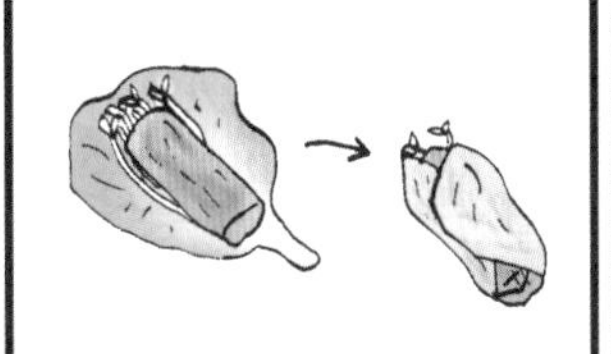

이렇게 또 점수를 딴다~

오오~!
못하는게 뭐야?!!

인도카레

우리가 흔히 먹는 인도카레

그러나 정작 인도에는
카레가 없다.

그렇다면 카레란 무엇일까?

3분만 기다려! 근사한 식사를 해주지!!

인도에는 '카레'가 아니라 각종 '향신료'들이 있다.

커민
가람마살라
카더돈
후추
강황

영국인들이 인도를 지배하던 시절, 향신료들 중 자기네 입맛에 맞는 것만 섞어 '커리(curry)'를 만들었다.

'커리'는 영국인들이 만든것!

이 카레가루가 일본에 전래되어
대중화된 후

'카레라이스'는 일본에서 만들었어요~!

1940년대 당시 식민지이던 한국에 들어와
오늘에 이르고 있다.

OOO카레
카레
카레
3분카레
3분 카레

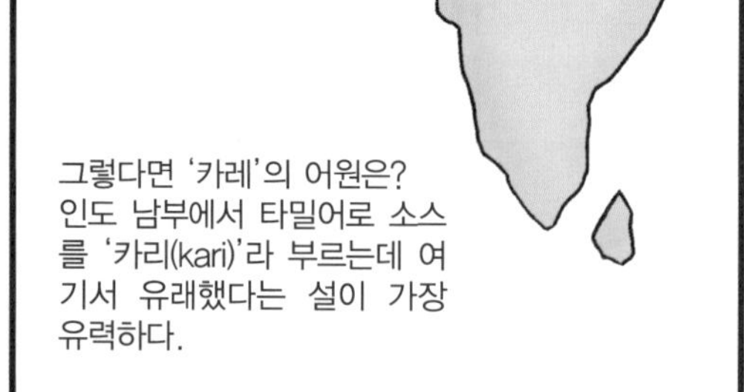

그렇다면 '카레'의 어원은?
인도 남부에서 타밀어로 소스를 '카리(kari)'라 부르는데 여기서 유래했다는 설이 가장 유력하다.

특히 인도인들은 카레의 노란색을 만들어 주는 강황을 만병통치약으로 여긴다.
(강황에는 항암 성분도 있는 것으로 알려져 있다.)

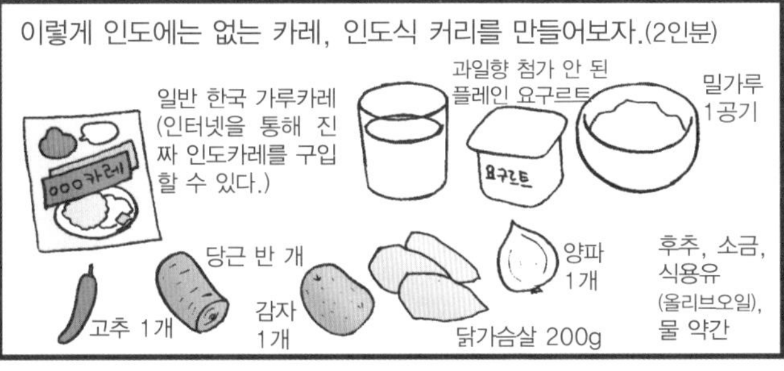

이렇게 인도에는 없는 카레, 인도식 커리를 만들어보자.(2인분)
일반 한국 가루카레 (인터넷을 통해 진짜 인도카레를 구입할 수 있다.)
ㅇㅇㅇ카레
과일향 첨가 안 된 플레인 요구르트
요구르트
밀가루 1공기
당근 반 개
고추 1개
감자 1개
닭가슴살 200g
양파 1개
후추, 소금, 식용유 (올리브오일), 물 약간

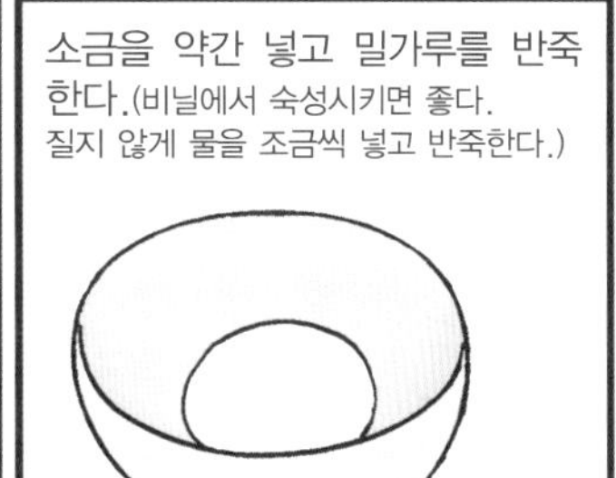

소금을 약간 넣고 밀가루를 반죽한다.(비닐에서 숙성시키면 좋다. 질지 않게 물을 조금씩 넣고 반죽한다.)

모든 야채를 잘게 다진 다음

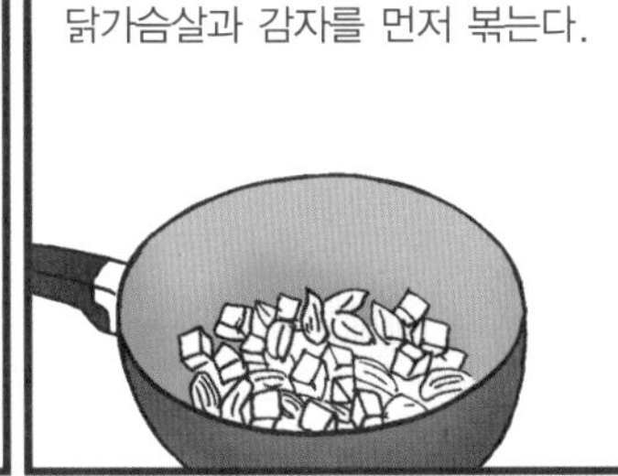

닭가슴살과 감자를 먼저 볶는다.

반쯤 익었을 때 양파와 다른 야채를 넣고 볶는다.

보통은 물에 갠 카레가루를 넣지만 물 대신 우유와 요구르트를 넣고 카레가루와 함께 끓인다.

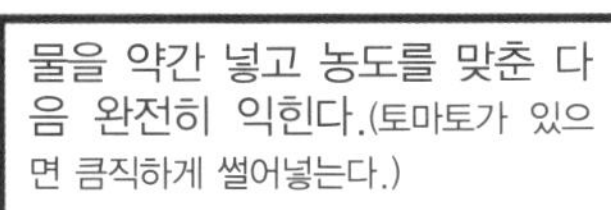

물을 약간 넣고 농도를 맞춘 다음 완전히 익힌다.(토마토가 있으면 큼직하게 썰어넣는다.)

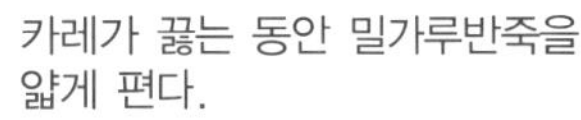

카레가 끓는 동안 밀가루반죽을 얇게 편다.

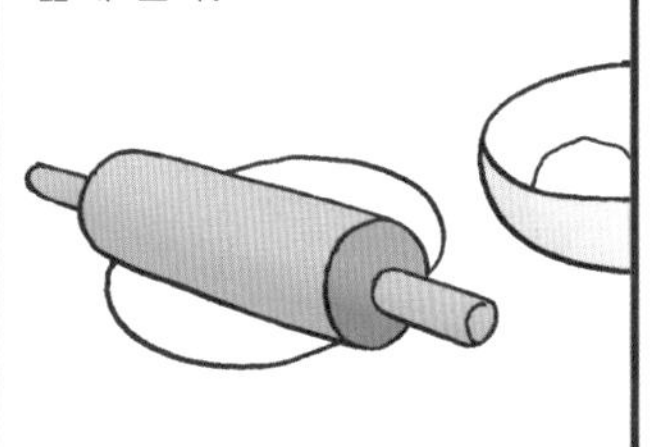

기름기 없는 프라이팬에 중불로 굽는다. 타지 않게 잘 뒤집어준다.

밀가루빵 '난', 또는 '짜빠티' 완성

완성된 카레를 찍어먹는다. 정통 인도식 카레 완성~

파인애플 볶음밥

동남아 음식 4탄!

이번엔
파인애플
이다!

태국에서 많이 먹는다는 파인애플볶음밥.

나를 볶으면
알지?!
그… 그래…

재료를 알아보자.(2인분)

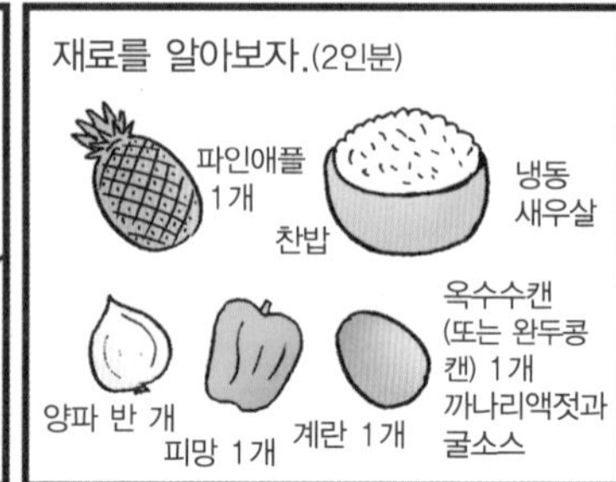
파인애플
1개
찬밥
냉동
새우살
양파 반 개
피망 1개
계란 1개
옥수수캔
(또는 완두콩
캔) 1개
까나리액젓과
굴소스

파인애플을 반으로 가르고 속을 파낸다.

(파인애플이 부담스러우면 통조림으로 대체 가능.)

파낸 파인애플 속살을 먹기 좋게 잘라놓는다.

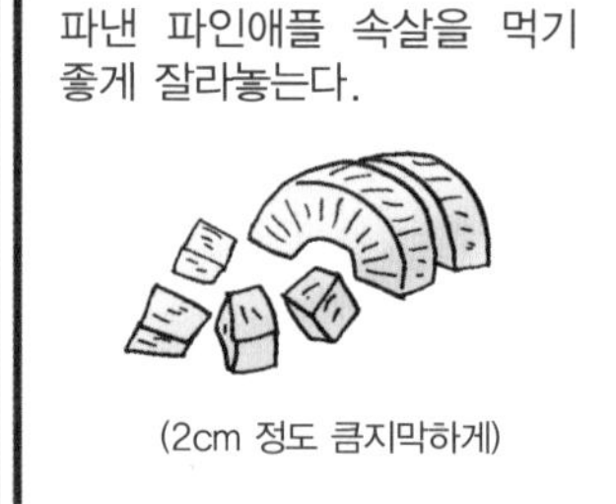

(2cm 정도 큼지막하게)

프라이팬에 식용유를 두르고 피망과 양파, 옥수수를 볶는다.

피망이 반쯤 익으면 새우살과 파인애플을 넣고 볶는다.

계란은 미리 에그스크램블로 만들어놓고

새우살이 거의 다 익으면 밥과 계란, 굴소스와 느억맘을 넣고 볶는다.(밥숟갈 1씩)

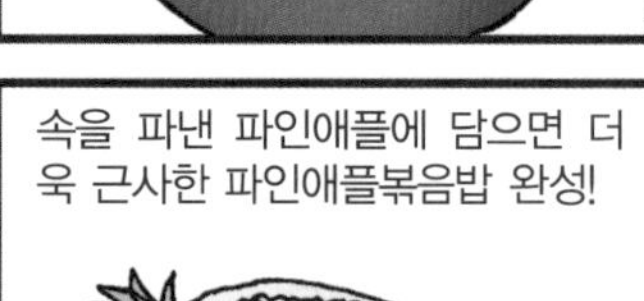

속을 파낸 파인애플에 담으면 더욱 근사한 파인애플볶음밥 완성!

이걸
날 위해
준비했다고?!

좋아! 다음 음식은
뭘 해볼까?!
……

대파 다듬기

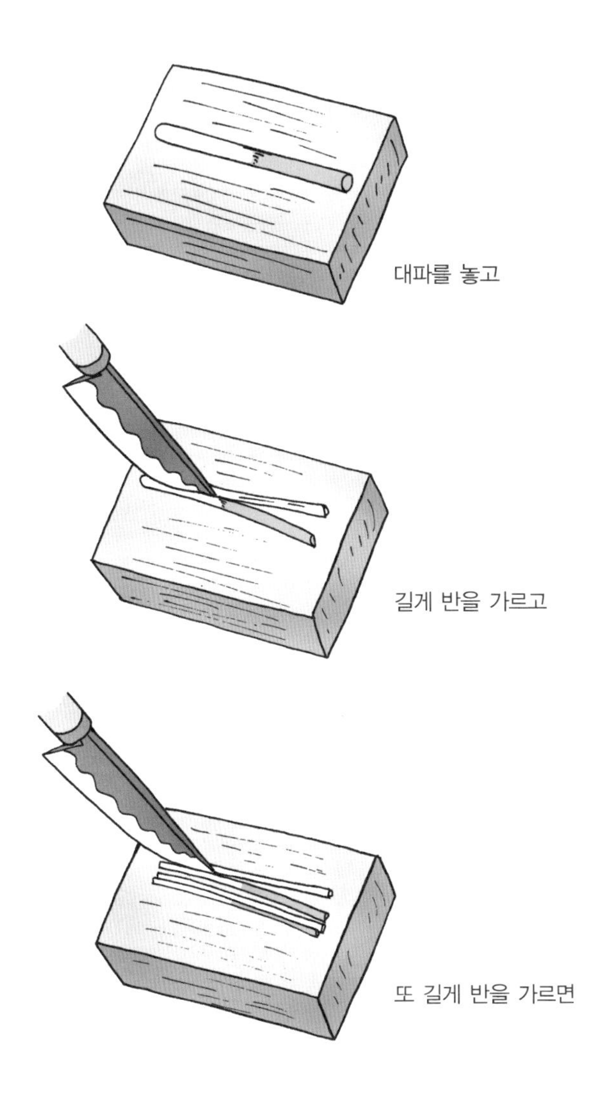
대파를 놓고
길게 반을 가르고
또 길게 반을 가르면

매우 빠르고 편하게 대파를
다질 수 있다.

콕

잘게 다진 대파는 반찬통에 넣고 냉동실에 보관하면
오래 두고 먹을 수 있다.
필요할 때마다 칼로 살짝 깨면 쉽게 떨어진다.

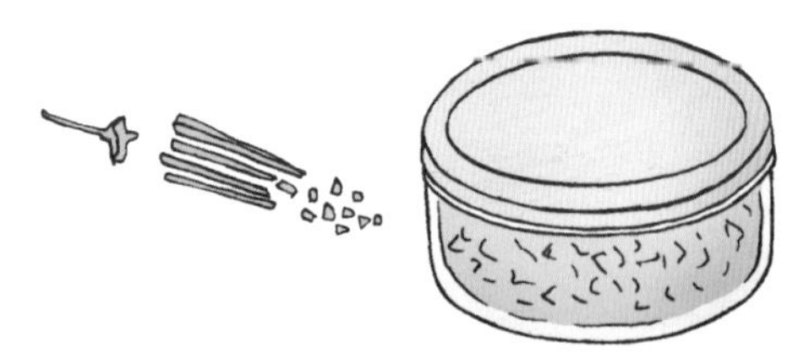

약간 긴 모양의 고추도 같은 방법으로 쉽게 다질 수 있다.
고추도 냉동보관하면 좋다.
다만 오래 보관할수록 점점 매워진다.

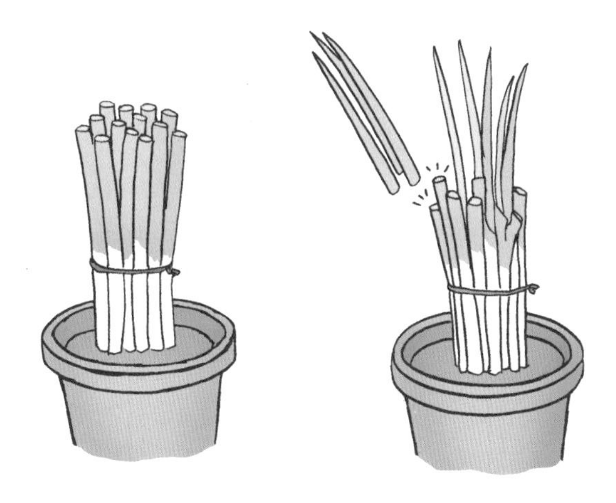

아니면 대파를 화분이나 마당 흙에 심어놓으면 시들지 않고 잘 자란다.
필요한 만큼 잘라서 쓴다. 새로 자란 잎을 다시 잘라 먹을 수 있다.
한 달 정도 지나면 뿌리가 썩을 수 있다. 그러면 뽑아먹고 새로 심는다.

요즘 원예에
취미를 붙였지~
아… 그래….

OOOWON
TUNA

참치캔 자반고등어

자취생을 위한 최고의 장기보존 식품 참치캔!

OOOWON
TUNA

끓여먹고 부쳐먹고 볶아먹고 퍼먹는다.

그러나 이 모든 방법들이 지겨워질 때!

하나 더 추가해보자. 자반고등어~

고등어 사러 가야….
참치캔으로 만든다니까!

다음 재료들을 준비한다. (2인분)

참치캔 1개

밀가루 밥숟갈 1

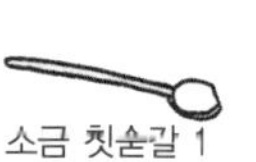

계란 1개

소금 찻숟갈 1

물과 식용유

먼저 참치, 밀가루, 소금, 물(소주잔 1)을 넣고 반죽한다.

반죽이 끝나면 적당한 크기로 프라이팬에서 지진다.

웬만큼 익었으면 미리 풀어 놓은 계란을 한쪽 면만 입히고 밀가루를 묻혀준다.

다시 노릇하게 익히면 참치캔 자반고등어 완성!

계란옷이 생선 껍질처럼 된다.

뭐야~!
사기잖아~!
먹어봐! 자반고등어 맛이야!!!
그냥 참치전…
……

감자칩을 만들 땐
당연히
....

슈퍼에서 사온다
-!

당연히 감자로 만든다.
이건 생감자칩 이라고!

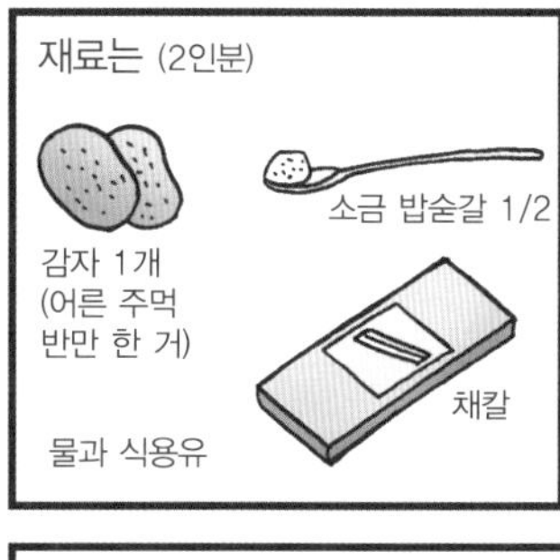
재료는 (2인분)
소금 밥숟갈 1/2
감자 1개 (어른 주먹 반만 한 거)
채칼
물과 식용유

먼저 감자를 얇게 자른다.
으악-!

채칼이 없으면 그냥 칼로 썰어 도 된다.(반투명할 정도로 얇을수록 좋다.)

썰어놓은 감자에 소금을 넣고 버무린다.

물을 붓고 20분 정도 담가두면

튀길 때 감자들이 달라붙지 않는다. 안 그러면 감자들이 떡이 된다.(꼭 소금물에 담글 것.)

감자를 소금물에서 건져내서 충분히 가열한 기름에 튀긴다.
물기 때문에 기름이 튄다. 주의!

감자가 얇을수록 빨리 익는다. 옅은 갈색이 되기 전에 건진다.

이건 당연히 맥주 안주다.
케첩

돈까스

오늘은 내가 쏜다~!

뭐야?

요즘 들어 같이 해먹는 게 즐겁다.
직접 만드는 돈까스~!
빵가루

재료는 (2인분)

돈까스용 돼지고기 반 근

밀가루
빵가루

밀가루

빵가루

계란 2개

소금, 후추

다진마늘 4개

식용유

케첩 또는 돈까스 소스

여기에 카레가루나 치즈를 넣을 수도 있다.

카레

정육점에서 돈까스용 고기를 구입하면 기계로 살짝 칼집을 내서 준다.

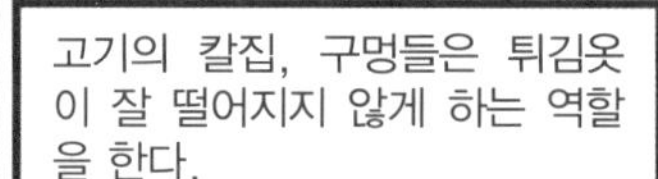

고기의 칼집, 구멍들은 튀김옷이 잘 떨어지지 않게 하는 역할을 한다.

일반 고기라면 칼로 살짝 다진다. 고기가 부드러워진다.

소금과 후추는 골고루 엷게 뿌리고 (카레가루를 같이 뿌리면 카레돈까스가 된다.)

다진마늘을 얇게 발라준 다음

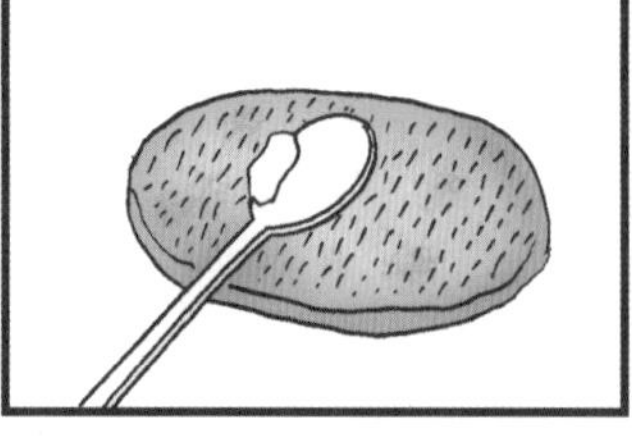

차곡차곡 쌓아놓는다.

계란을 큰 그릇에 풀고

밀가루와 빵가루를 각각 넓은 그릇에 담아둔다.

식용유를 많이 넣은 프라이팬을 달구기 시작한 뒤

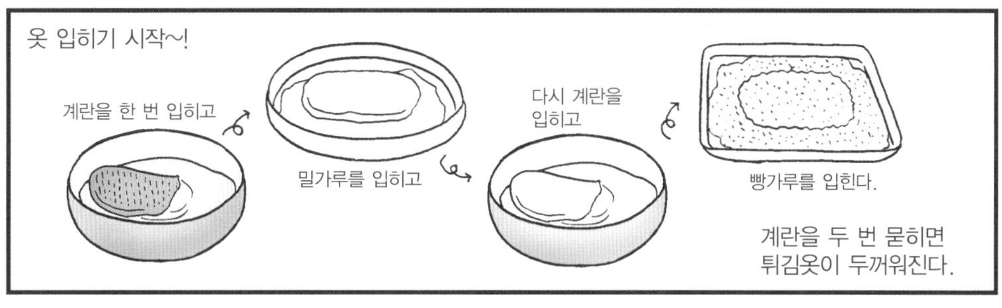
옷 입히기 시작~!
계란을 한 번 입히고
밀가루를 입히고
다시 계란을 입히고
빵가루를 입힌다.
계란을 두 번 묻히면 튀김옷이 두꺼워진다.

한 번에 튀기는 게 좋지만 식용유를 아끼자~! 중불로 놓고 한 쪽 면이 갈색이 되도록 잘 익힌 다음에

뒤집어서 반대편도 익힌다.

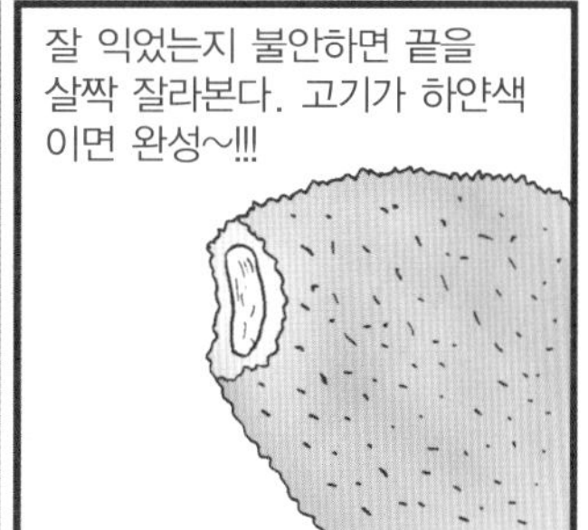
잘 익었는지 불안하면 끝을 살짝 잘라본다. 고기가 하얀색이면 완성~!!!

접시에 예쁘게 담고

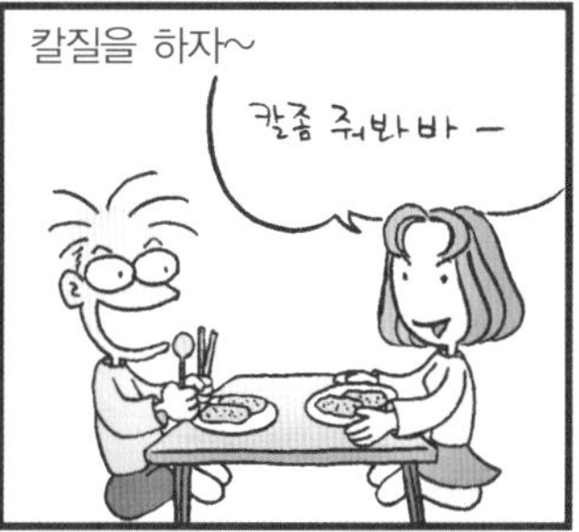
칼질을 하자~
칼좀 줘봐바 -

어. 칼 여기!
.....

양파고추튀김

술이다.

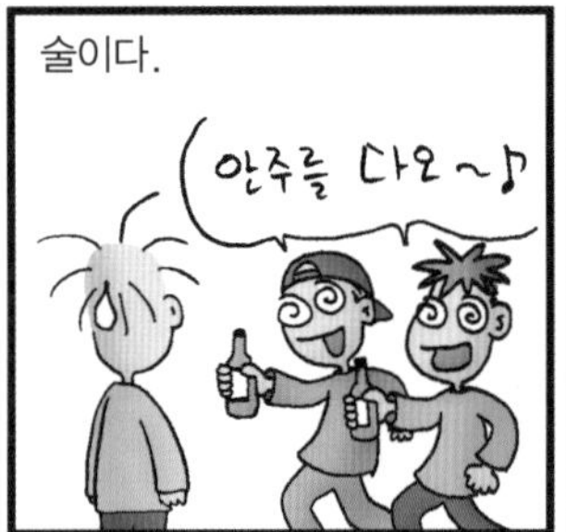

안주를 다오~♪

집에 있는 건 생야채들뿐~

오래만에 신선해요~♪

헉! 또 소주!
딸꾹-!

양파링과 고추튀김을 만들어 보자.(2인분)

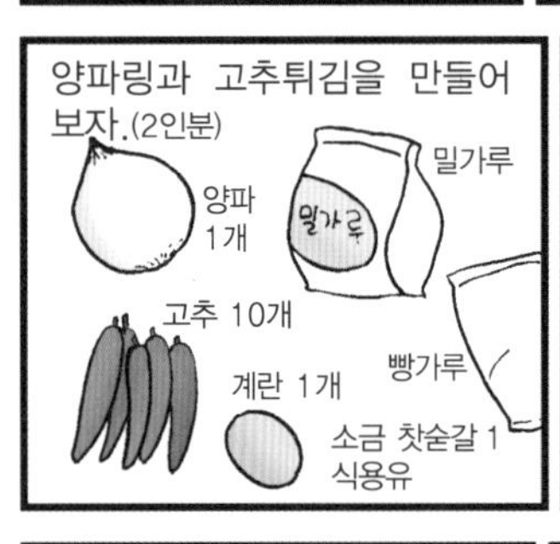

양파 1개
밀가루
밀가루
고추 10개
계란 1개
빵가루
소금 찻숟갈 1
식용유

양파를 다듬는다.
통째로 가로로 썰고

7~10mm 정도

링 형태로 떼어놓는다.

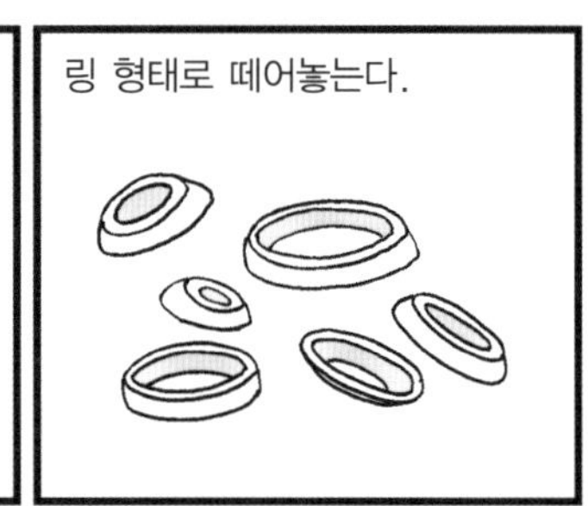

고추는 꼭지를 따고 반을 가른다.

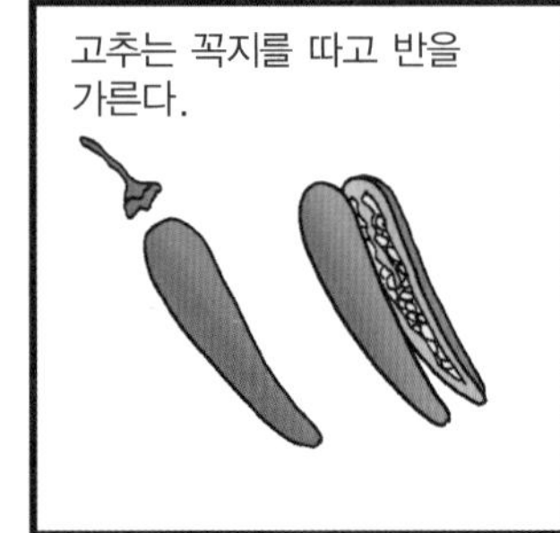

큰 그릇에 밀가루(2/3공기)와 물(1/3공기), 계란(1개), 소금을 넣고

잘 반죽해서 밀가루옷을 준비한다.

양파를 넣고 뒤적거리며 옷을 입힌다.

빵가루를 넓은 쟁반에 펼쳐놓고

프라이팬에 식용유를 넣고 미리 달군 다음

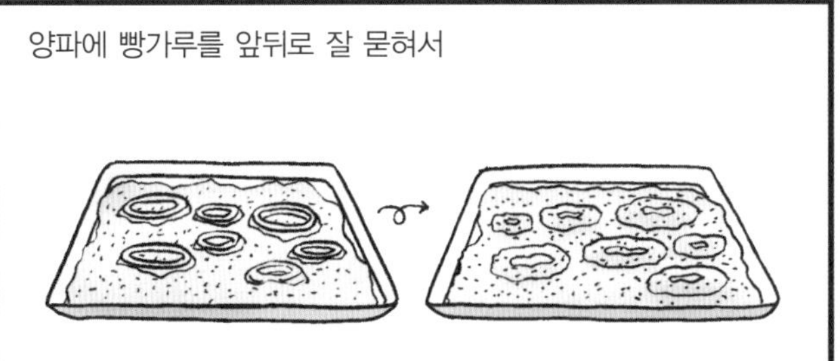
양파에 빵가루를 앞뒤로 잘 묻혀서

튀긴다.

고추도 같은 방법으로 옷을
입히고

프라이팬에 동그란 쪽이
아래가 되도록 놓는다.

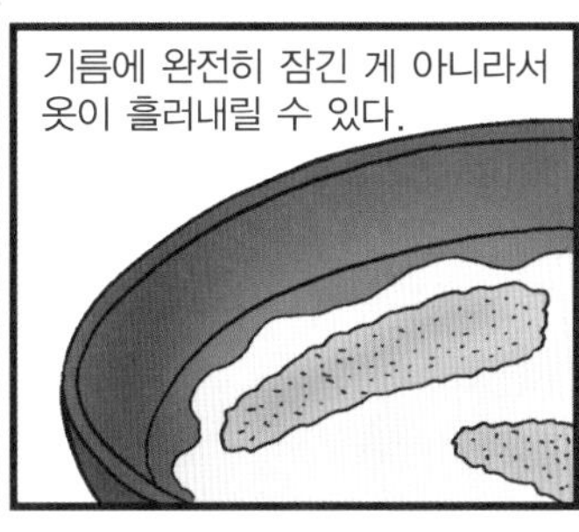
기름에 완전히 잠긴 게 아니라서
옷이 흘러내릴 수 있다.

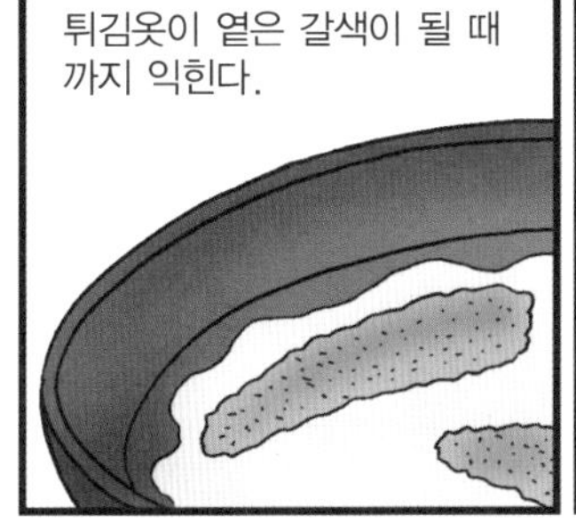
튀김옷이 옅은 갈색이 될 때
까지 익힌다.

기름을 잘 빼면서 꺼낸다.

양파링, 고추튀김 완성!
케첩에 찍어 먹자.

맥주, 소주와도 어울린다.
근데 말이지

랑
사귀냐?

무.. 무슨
소리야?
요즘 그런 것
같아서~
아님 말고~

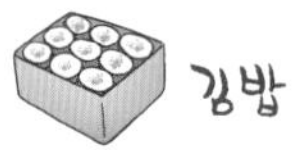

김밥

예비군 훈련…

예비군 2년차로서 드디어 예비군 훈련을 간다.

오랜만에 군복을 입으니 감회가

매우 새롭다…
허… 허리띠가.. 안맞는다…!

90년대 말 대학에서 받은 예비군 훈련의 준비물에는

여친이 싸준 김밥도시락이 포함된다.
혹은 친한 여자후배들..

나에겐 도시락 싸줄 문근영이 없구나…
억지로 힘주고 끼웠다…

부탁해볼까?

니가 사귀는거 아냐?

확실한 것도 아닌데 오해살라… 아무거나 사먹지 뭐….
숨쉬기 힘들어… 새로 사야겠군…

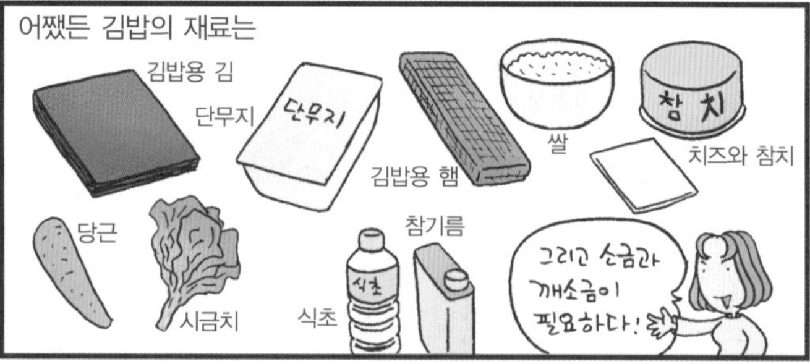
어쨌든 김밥의 재료는
김밥용 김
단무지
단무지
김밥용 햄
쌀
참치
치즈와 참치
당근
시금치
식초
식초
참기름
그리고 소금과 깨소금이 필요하다!

먼저 질지 않게 밥을 하고

시금치는 끓는 물에 데치고

당근은 채를 썰어 프라이팬에 볶는다.

밥이 다 되면 식초, 참기름, 소금을 넣고 비빈다.

밥 4~5 인분에
식초 밥숟갈 2~3
참기름 밥숟갈 1~2
소금 밥숟갈 1/2
을 넣는다.

김발에 김을 올리고 밥을 올린다.

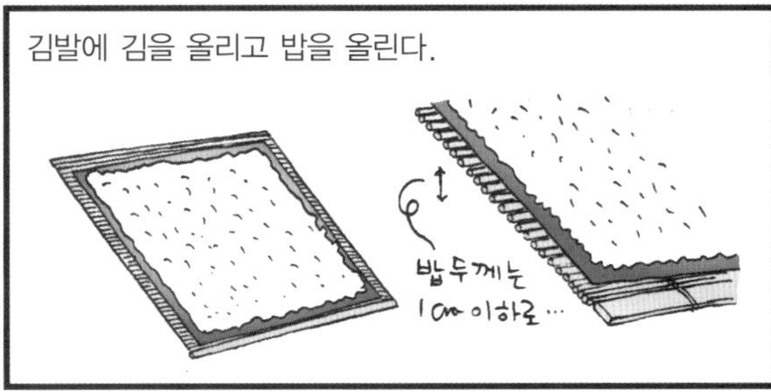
밥 두께는
1cm 이하로…

시금치, 당근, 단무지, 햄, 참치, 치즈 등 고명을 올린다.

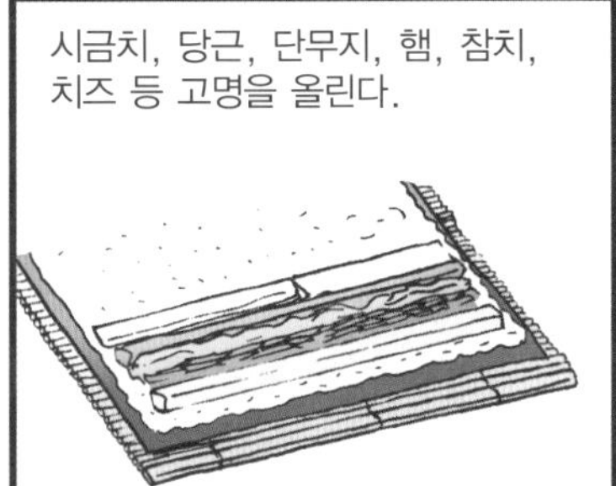

말기 시작~!

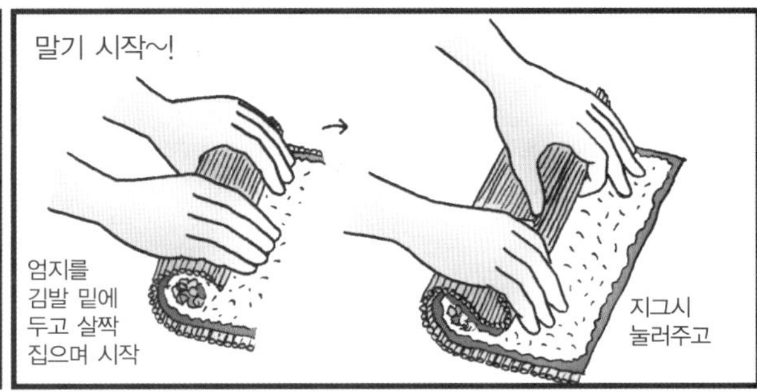
엄지를
김발 밑에
두고 살짝
집으며 시작
지그시
눌러주고

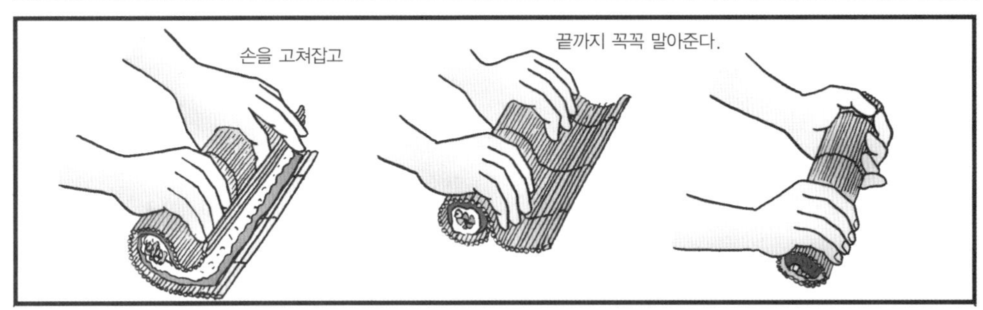
손을 고쳐잡고
끝까지 꼭꼭 말아준다.

김밥을 다 말았으면
도마에 놓고
옆구리가 허전……
잘라준다.
으악! 터진다~!
톱질하듯이 살살 잘라야 한다.
김밥 '꼬다리'는 맛나게 먹으면서
꼬다리가 핵심이지!
남은 단무지를 반찬으로 같이 넣고 포장하면 완성~!
자 도시락! 먹고 힘내~
먹자~! 김밥~!
삭
우리를 위해 김밥도 싸주고~
정말~ 고맙지 뭐~!
똑같군
김밥도시락~! 맛있게 먹자.
역시 아니었구만~
어! 비오네~
아까 올 것이지…
대한민국 육군 병장에게 이정도야 뭐~ 껌이지~

앓아누웠다.
난 예비역 병장이었지 ....

식사는 짜장면이라도…

힘들군…
툭

아플 때 먹자. 죽 한 그릇~!
죽이라도 해줄까?

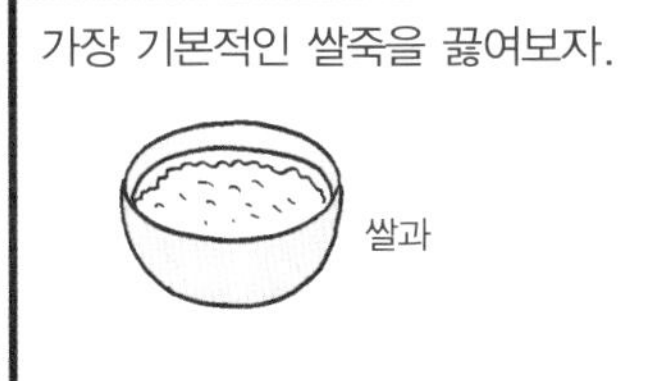
가장 기본적인 쌀죽을 끓여보자.
쌀과
간장과 참기름
그리고 정성~!

먼저 쌀을 물에 1시간 정도 불린다.

분쇄기가 있으면 3~5초 정도 살짝 갈아준다.(너무 많이 갈면 풀이 된다.)
위
잉

냄비에 쌀과 물을 넣고

바닥에 눌어붙지 않게
계속 저어주며 끓인다.

참기름, 간장을 곁들여서 먹자.

좀 먹어봐-
으…응.....

.....

떡볶이

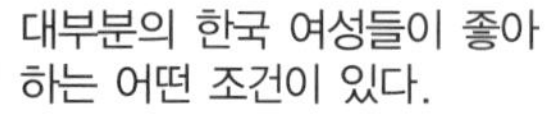
대부분의 한국 여성들이 좋아
하는 어떤 조건이 있다.

그게뭐지?
그게뭐야?

일단 매운 거…

고추장
고추,
마늘

면 종류…

라면

쫄깃한 식감을 주는
밀가루 또는 떡 종류

그리고 이것들이 삼위일체된 그것~!!

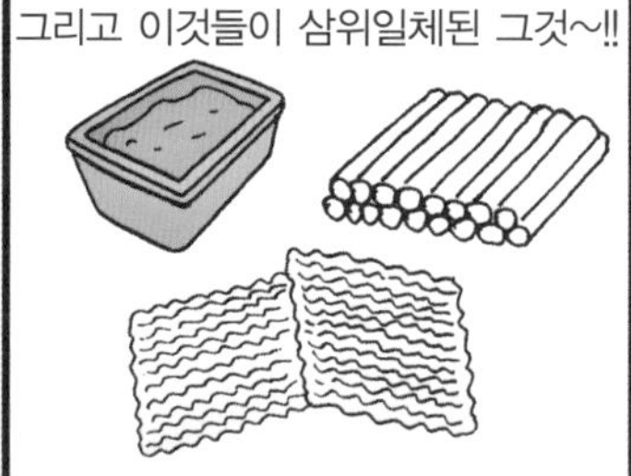

그것은 바로 떡볶이!

큰 부담감과 경계심이 없는 상
태로 같이 먹을 수 있는 음식되
시겠다.

맛난거 해먹자.
오늘 와라 -
응 떡볶기 -
긴장
긴장

재료를 알아보자.(2인분)

떡볶이떡
(가래떡도 상관없다.)
대파
한 뿌리
양파 반 개
어묵 2~3장
청양고추
1개
다진마늘 2개
고추장 밥숟갈 2~3
설탕 밥숟갈 1/2~1
(물엿을 넣으면
더 좋다.)
간장 밥숟갈 2~3
식용유와 물 약간

떡을 하나씩 찢어 물에 불린다.

대파와 양파,고추를 다듬고

먹기 좋은 크기로 어묵을 자른다.

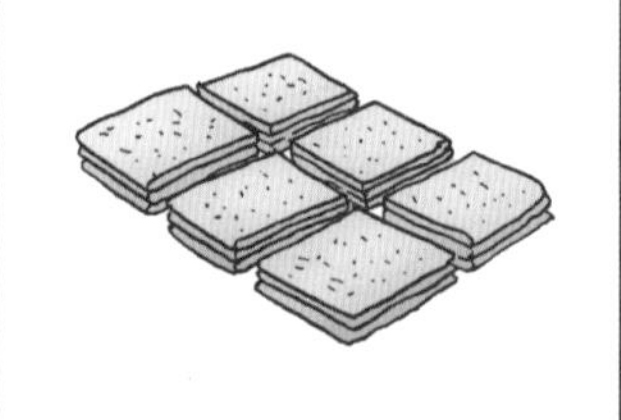

프라이팬에 식용유를 두르고
떡을 먼저 살짝 볶는다.

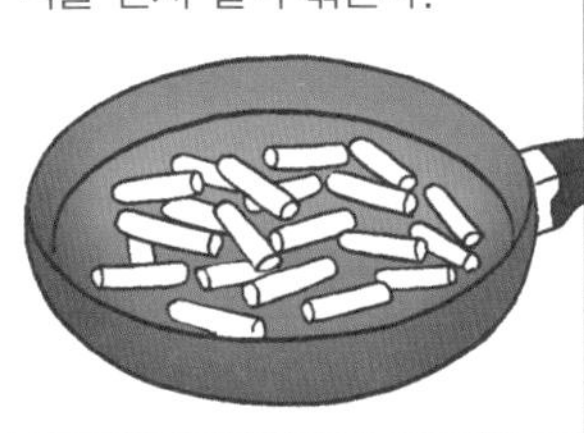

고추장, 간장, 다진마늘을 섞은
양념장을 넣고 볶는다.

야채와 어묵,설탕,물엿을 넣고
잘 섞이도록 계속 볶는다.

재료가 반쯤 잠기도록 물을 붓
고 끓여 조린다.

라면사리를 넣을 경우에는 물을
두 배가량 넣는다. 양배추와 삶
은계란 등을 넣어도 좋다.

모든 재료가 다 익으면 완성~

맛있게 먹자~
오! 맛있겠다!

.....
오~ 오~ ♪

뭐 할말있어?
으..응...

어... 그러니까...
저기....

......
후룩~

나랑
사귀자고?

으 … 응 ….
그래! 대신에 맛난거 많이 해줘야 해~
그때 내가 미쳤지! 이런녀석이 뭐 좋다고!

냄새

결혼을 하면

나랑~
결혼해줄래~~?
이걸
프러포즈라고!
그냥 확!

밥그릇 + 밥그릇을 하면 될 것 같지만

절대 그렇지 않다.

죽어라고 힘들고 정신없이
결혼식을 하고
힘들다…
으~
팔저려~

신혼집 정리가 끝났다 싶으면

신고를
해야 한다.
결혼을 명 받았음을
신고 합니다!

그것은 집들이!
으랏차
으라차차

시댁의 일가친척과 등등등

처가댁 일가친척과 등등등

그리고 친구들…
그것들을 불러야 하나?

상다리가 부러지도록 집들이 음식을 장만하고 차리려면

갈 길이 멀다. 레이스 시작~!

잡채

잔치음식의 필수, 잡채!

잡채는 광해군 때 이충이라는 사람에 의해 만들어졌다고 한다.
전하-잡채를 드시옵고 벼슬을 주소서~

잡채에 도전해보자.
마마- 잡채를 드시옵고 노여움을 푸소서~

재료를 알아보자.(10인분)
당면
(포장지에 몇 인분용이라고 적혀 있다. 보통 작은 봉지 하나를 다 사용하면 10인분쯤 된다.)
버섯
(여러 버섯을 사용할 수 있다.)
양파 1~2개
시금치 반 단
식용유
식용유
간장
간장
여기까진 필수요소~!
피망
쇠고기 200g
목이버섯 6~7개
당근 1개
풋고추 3~4개

원래 잡채는 여러 채소를 볶아서 섞어 만드는 음식으로 딱히 확실하게 정해진 재료는 없다.
이충
한겨울에도 온실에서 야채를 키워서 늘 야채를 먹던 나를 사람들은 '잡채판서'라 불렀지~
에헴

조선시대 내내 잔치상에 오르는 야채볶음요리로 전해지다가
음식디미방
1670년 여성 조리인이 쓴 최초의 한글 요리책

당면의 보급과 함께 양을 불리기 위해 당면을 넣기 시작한 것이 오늘에 이르는 것으로 추정된다.
당면(唐麵)은 20년대 중국인들이 보급한거다 해~

때문에 원칙적으로 무궁무진한 잡채를 만들 수 있지만
라면잡채? 돈까스 잡채? 삼겹살 잡채?

우리가 흔히 먹는 당면잡채를 만들자. 먼저 당면을 삶는다.
(당면이 하얀색이 됐다가 다시 투명해질 때까지…)

양파, 버섯, 시금치, 피망 등을 먹기 좋은 크기로 다듬는다.

시금치를 끓는 물에 데치고

찬물에 헹군 뒤

물을 꼭 짜낸 다음 소금(찻숟갈 1)과 참기름(찻숟갈 1)으로 간을 한다.

각각의 재료를 따로 볶아 분류해놓는다.
양파를 볶은 뒤 보관
당근도 볶은 뒤 보관
버섯 종류는 볶아두면 물이 나온다. 제일 나중에 볶는다.
피망도 볶은 뒤 보관
고기도 볶은 뒤 보관
볶을 때 소금양념을 따로 한다.

삶은 당면의 물기를 빼고

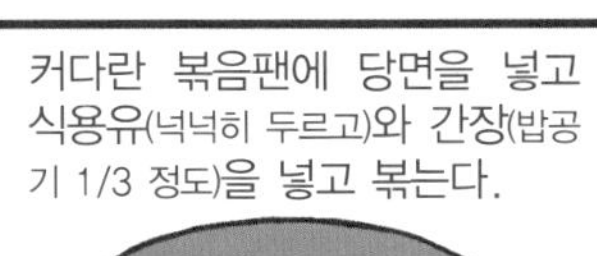
커다란 볶음팬에 당면을 넣고 식용유(넉넉히 두르고)와 간장(밥공기 1/3 정도)을 넣고 볶는다.

재료들을 모두 넣고 골고루 섞이도록 1~2분 정도 볶는다.

접시에 담으면 완성~

어렵다기보다 손과 정성이 많이 가는 음식이다.
어디~ 잡채맛좀 볼까?~
시어머니

아이고~ 우리며느리 잡채도 할줄알고~!
다소곳~
으흐흐흐~

쇠고기무국

잔치의 국물음식 쇠고기무국~!

잔치나 제사 때마다 쇠고기가 빠지지 않고 올라오는 이유는 전통적으로 소가 매우 귀중했기 때문이다.
검은소, 누렁소 둘다 광우병은 안걸렸습니다.

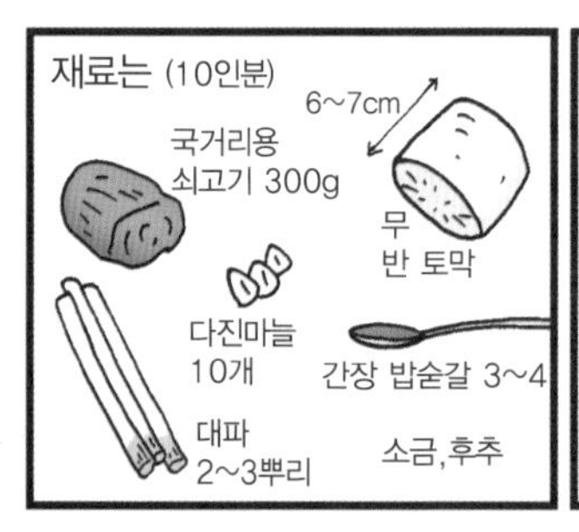
재료는 (10인분)
6~7cm
국거리용 쇠고기 300g
무 반 토막
다진마늘 10개
간장 밥숟갈 3~4
대파 2~3뿌리
소금,후추

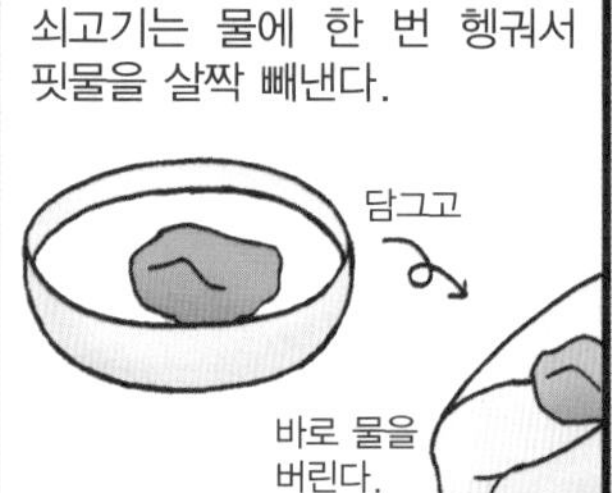
쇠고기는 물에 한 번 헹궈서 핏물을 살짝 빼낸다.
담그고
바로 물을 버린다.

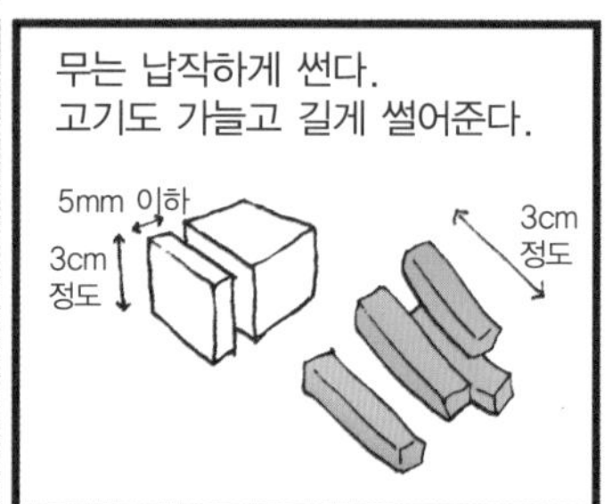
무는 납작하게 썬다.
고기도 가늘고 길게 썰어준다.
5mm 이하
3cm 정도
3cm 정도

쇠고기와 무를 냄비에서 겉만 살짝 익도록 볶는다.

찬물을 넣고 끓인다.

국물이 끓으면서 나오는 거품과 찌꺼기를 완전히 걷어낸다.(없어질 때까지 계속)

국간장과 다진마늘을 넣어 간을 한다.

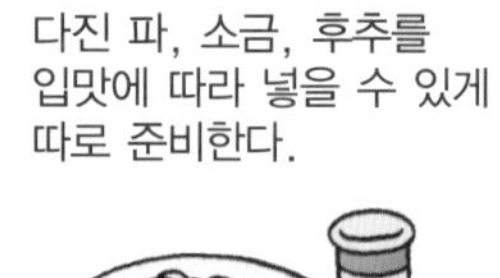

다진 파, 소금, 후추를 입맛에 따라 넣을 수 있게 따로 준비한다.
후추

쇠고기무국 완성~!

잔치 전문 메뉴 갈비찜~!

돼지갈비찜을 만들어보자.
(소갈비는 비싸다. 6인분)
갈비용 돼지고기 1.5kg
양파 1개
다진생강 찻숟갈 1
무 1토막
다진마늘 3~4개
청주 1컵, 간장 1/2컵 설탕 밥숟갈 1 물엿 밥숟갈 1
대파 2뿌리
당근 2~3개

고기를 찬물에 2시간 정도 담궈 핏물을 뺀다.

양파, 생강, 마늘을 곱게 갈고

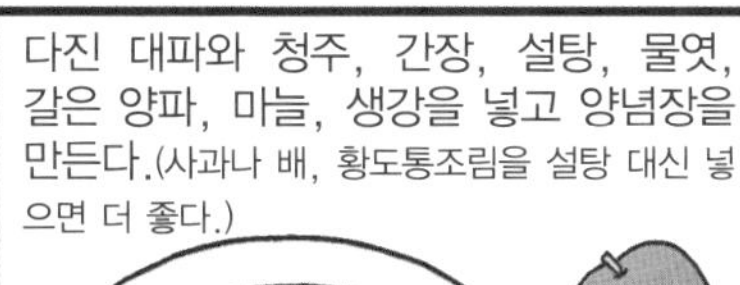
다진 대파와 청주, 간장, 설탕, 물엿, 갈은 양파, 마늘, 생강을 넣고 양념장을 만든다.(사과나 배, 황도통조림을 설탕 대신 넣으면 더 좋다.)

황도

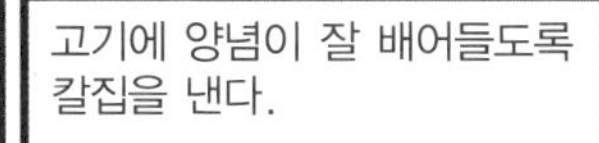

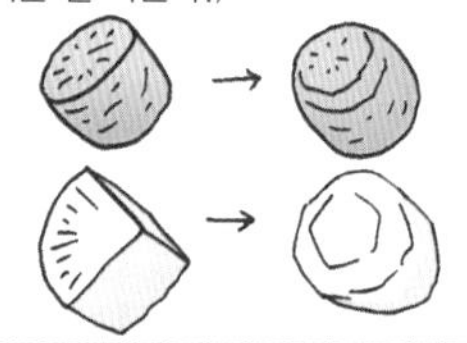
당근과 무는 토막을 낸 뒤 모서리를 다듬는다.(조리 중에 모서리가 깨져서 국물이 지저분해 지는 걸 막는다.)

핏물을 뺀 돼지고기를 살짝 끓여서 지방과 누린내를 제거한다.

고기에 양념이 잘 배어들도록 칼집을 낸다.

양념장 2/3~1/2 정도를 고기와 잘 버무린 다음 1시간~하루 동안 재어놓는다.

고기가 완전히 잠기도록 물을 붓고 40분 정도 푹 끓인다.

나머지 양념과 야채를 넣고 20분 이상 더 끓인다. 양념이 고루 묻고 타지 않도록 계속 뒤적여 준다.

자작하게 졸아들면 완성~!

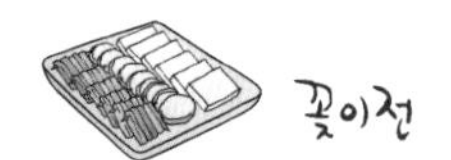

꽂이전

다음 메뉴는 꽂이전!

도대체
몇가지를…

다른 잔치음식들처럼 어렵다기보단 손이 많이 간다.

재료는

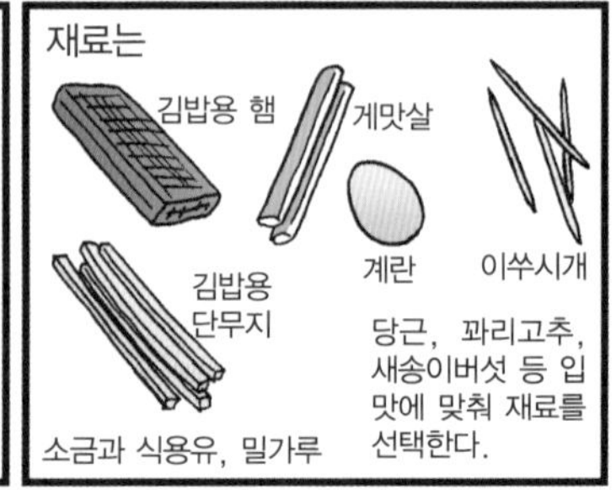

김밥용 햄
게맛살
계란
이쑤시개
김밥용
단무지
당근, 꽈리고추, 새송이버섯 등 입맛에 맞춰 재료를 선택한다.
소금과 식용유, 밀가루

모든 재료를 적당한 크기로 자른다.

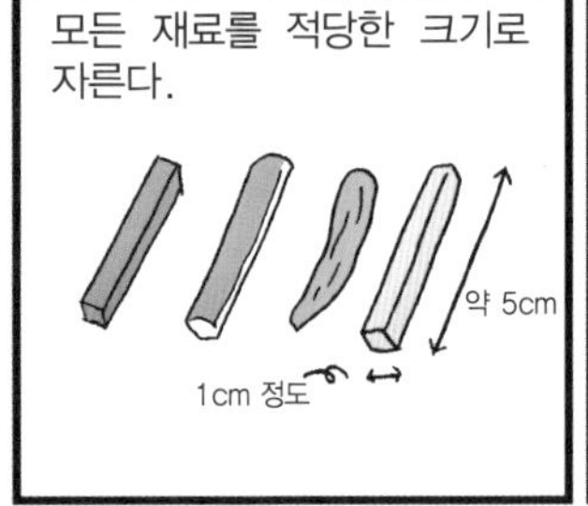

약 5cm
1cm 정도

계란 여러 개를 풀어 소금간을 하고

이쑤시개에 재료들을 꽂는다.

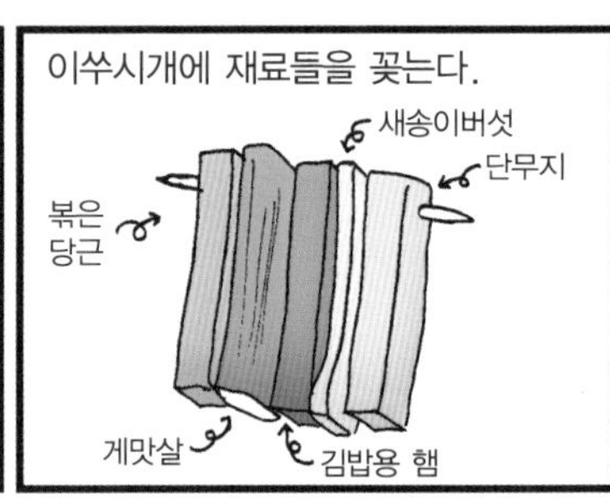

새송이버섯
단무지
볶은
당근
게맛살
김밥용 햄

계란옷을 잘 입히고
밀가루옷을 입히고
다시 계란옷을 입히고
부친다.

꽂이전만 있으면 심심하니 호박이나 두부 등도 같이 준비한다.

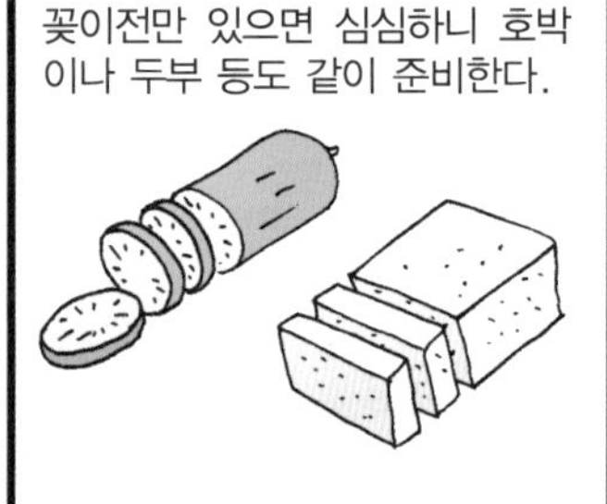

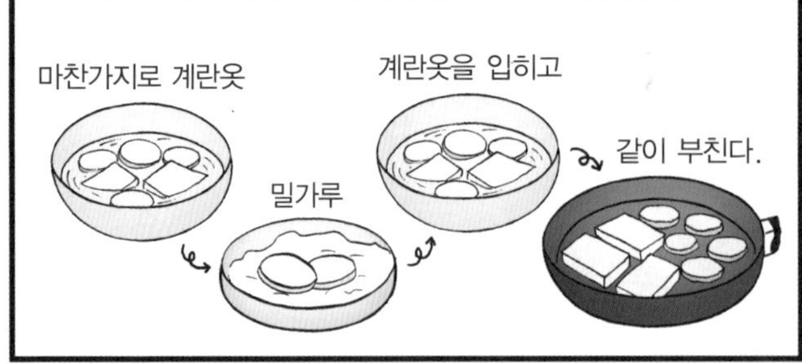

마찬가지로 계란옷
밀가루
계란옷을 입히고
같이 부친다.

예쁘게 접시에 담으면 완성!

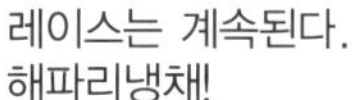
레이스는 계속된다.
해파리냉채!

새콤하고 신선한 맛으로 기름진 잔치음식들과 어울리게 하기 위한 음식이다.

재료는

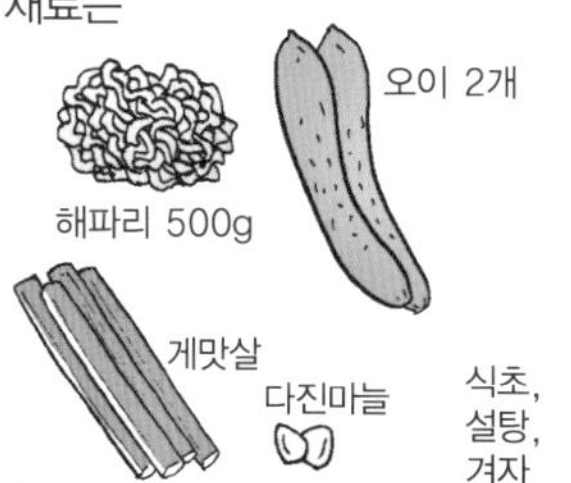
해파리 500g
오이 2개
게맛살
다진마늘
식초,
설탕,
겨자

해파리채는 염장되어 판매된다. 찬물에 3시간 이상 담궈 소금기를 완전히 뺀다.

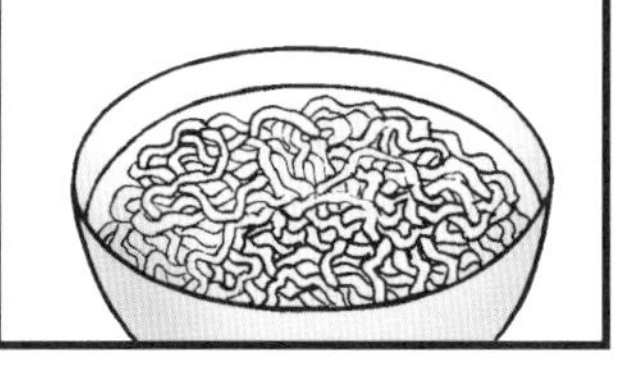

체에 받쳐 뜨거운 물을 부어 데친다.

찬물로 한 번 헹군 뒤 물을 빼고 냉장보관한다.

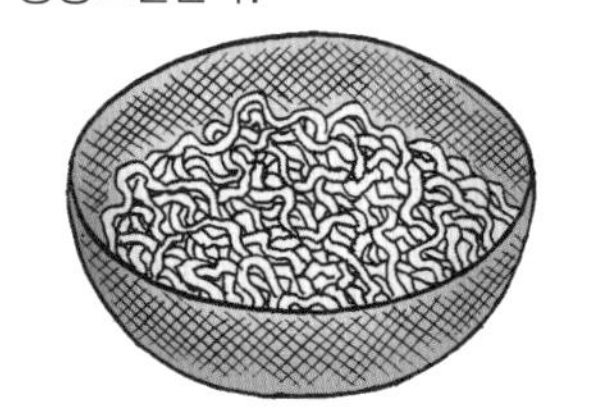

맛살을 가늘게 찢고

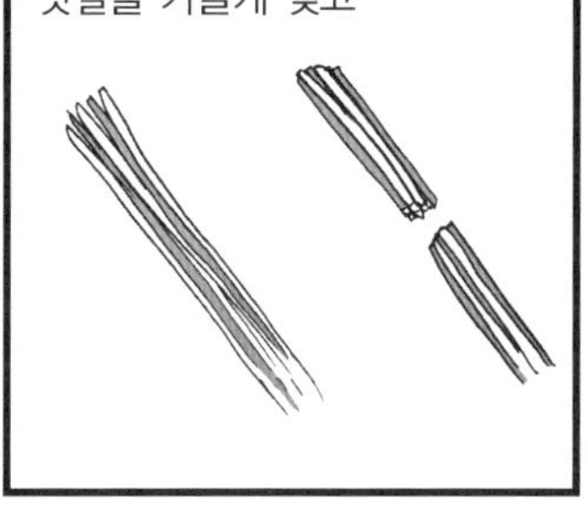

오이도 가늘게 채를 썬다.

식초(밥숟갈 5~6), 설탕(밥숟갈 2~3), 연겨자(찻숟갈 2~3), 소금(찻숟갈 1), 다진마늘(찻숟갈 1), 물(1공기)을 섞어 소스를 만든다.

해파리채, 맛살, 오이를 잘 섞어 접시에 올리고

상에 올릴 때 소스를 뿌려 무친다.

그래서 이걸로 끝이냐고?

그…글쎄…
…

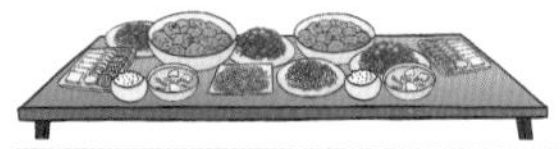

집들이 상차림

수많은 집들이 음식~!
무엇을 먼저,어떻게 해야 하는가?
집들이 끝
잡채
갈비찜
전
해파리냉채
쇠고기무국

그래서 철저한 계획이 필요하다!
이 길이 맞어-??
몰라.. 일단 가보자…

초대 인원과 음식 종류에 맞춰 그릇과 조리기구를 확인한다.

식용유, 간장, 참기름 등과 양념의 양도 미리 확인하자.
식용유 부족-! 빨리 사와!

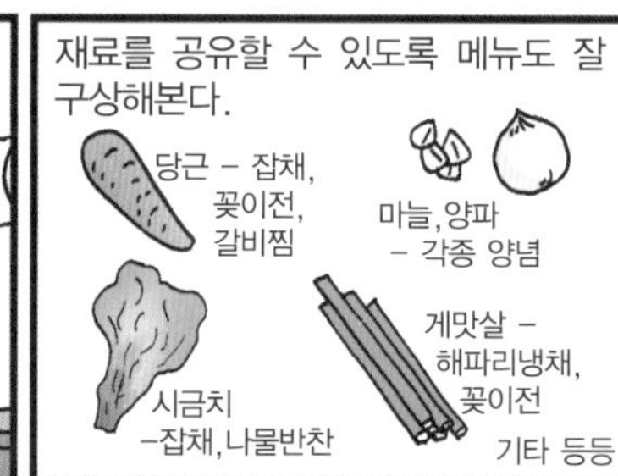
재료를 공유할 수 있도록 메뉴도 잘 구상해본다.
당근 – 잡채, 꽃이전, 갈비찜
마늘,양파 – 각종 양념
시금치 –잡채,나물반찬
게맛살 – 해파리냉채, 꽃이전
기타 등등

조리순서를 정하자.미리 만들어 놓는 게 가능한 음식과 만드는 데 오래 걸리는 음식, 바로 하는 게 가능한 음식을 구분한다.

먼저 술을…

꼭 하루 만에 다 만들 필요는 없다. 맞벌이 부부는 바쁘다.

낮엔 일하고…
밤에 준비한다.

나물이나 겉절이 등 미리 만들어 놓을 수 있는 음식을 먼저 준비한다.

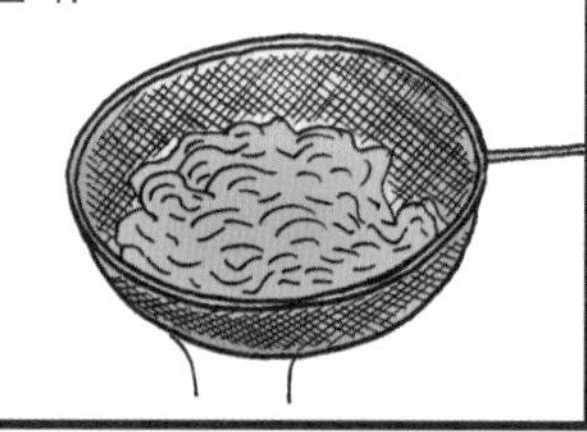

시간이 오래 걸리는 갈비찜은 양념에 재어둔다.

전은 살짝 익혀둔다.
(먹을 때 완전히 익힌다.)

샐러드나 해파리냉채는 소스와 드레싱을 뿌리기 직전까지만 만들어둔다. 미리 섞으면 물이 흥건해진다.

삼투압현상 때문에 수분이 흘러나온다.

집들이 당일! 갈비찜을 계속 끓이면서 쇠고기무국을 준비한다.

국이 완성되면 잡채를 만든다.

후식으로 먹을 과일은 미리 씻어놓는다.(껍질을 벗기고 랩으로 싸서 냉장고에 보관해도 좋다.)

잊지 말고 밥을 하고

나물, 수저 등을 상에 놓는다.

전을 완전히 익혀 올리고

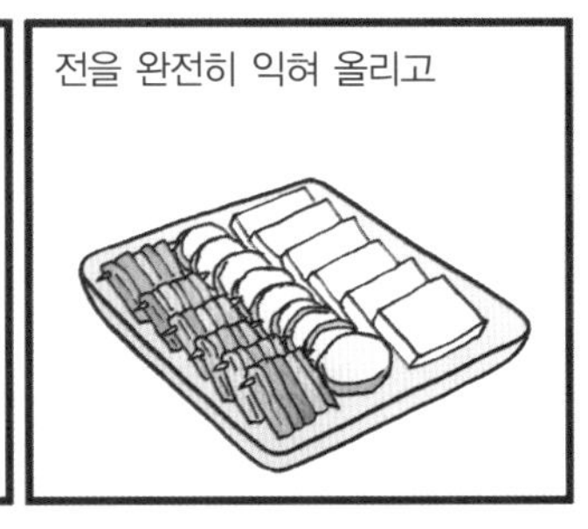

조금 식어도 상관없는 잡채를 올린다.

해파리냉채를 소스를 섞어 올린다.

뜨겁게 나와야 하는 갈비찜, 밥, 국을 마지막으로 올린다.

좌충우돌! 집들이 상차림 완성~!!!!

이… 이제 레이스의 끝인가???

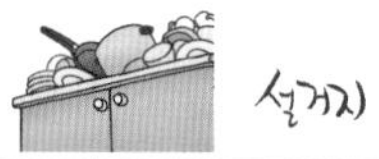

설거지

아유~ 이걸 다했어? 우리 며느리 음식 잘하네~!

집들이 흥행 성공~!

이제 레이스도 완주?
FINAL

…는 멀었다. 마지막 코스 설거지!
FINAL

설거지거리를 분류한다. 기름기 없는 것들과
밥공기, 물컵 등

기름 묻은 것들
프라이팬, 잡채그릇 등

생선 그릇도 따로 분류한다.

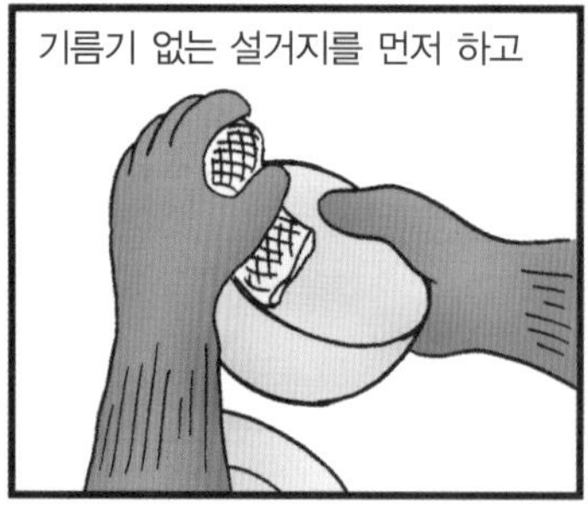

기름기 없는 설거지를 먼저 하고

기름 설거지는 폐기름을 따로 모아 버리고 신문지나 휴지로 기름기를 대충 한 번 닦는다.
따로 모아 폐식용유 수거 용기에 버리자.

뜨거운 물을 끓이고

불판이나 그릇에
살살 부어주며
굳어 있는
기름을 녹여
한 번
헹군 뒤

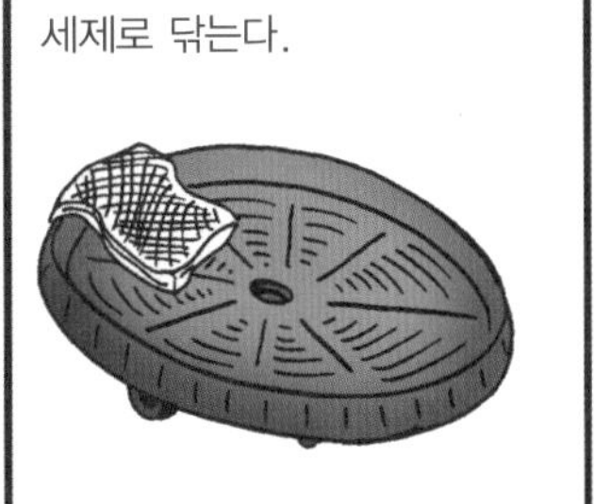
세제로 닦는다.

생선 그릇도 먼저 기름을
한 번 닦고

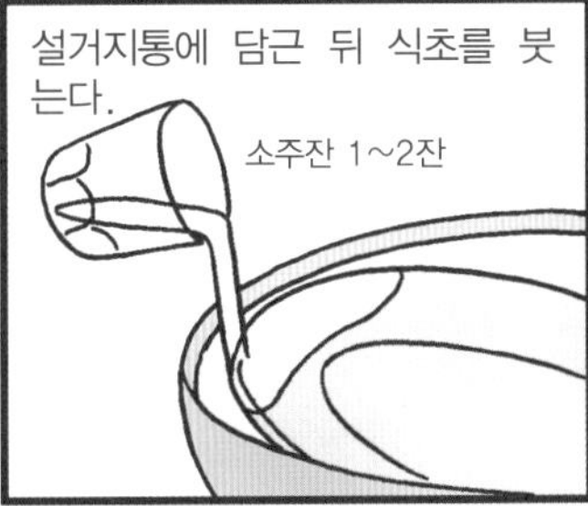
설거지통에 담근 뒤 식초를 붓
는다.
소주잔 1~2잔

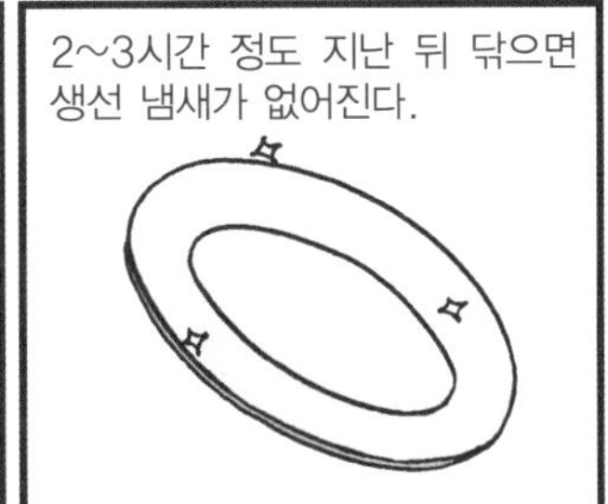
2~3시간 정도 지난 뒤 닦으면
생선 냄새가 없어진다.

설거지할 때 식칼이나 깨진 유리
컵 등을 주의하자.

너무 찌들어서 잘 닦이지 않는
기름때는 물에 밀가루를 타서
담은 뒤에

한 번 팔팔 끓인다. 녹은 기름
조직에 밀가루가 달라붙어 잘
떨어진다.

레이스 끝~!

장인, 장모님 다음주지?
응… 아마도…

채썰기

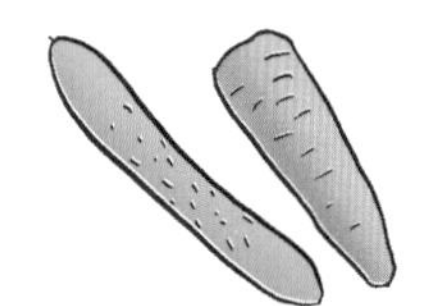

오이와 당근 채썰기! 은근히 어렵다.

오이를 도마에 비스듬히 두고 꼭지를 자른다.

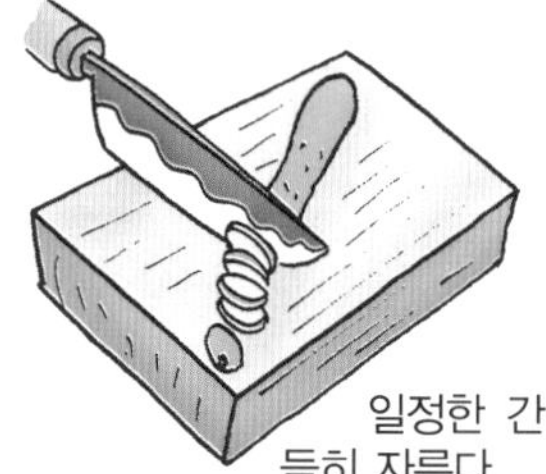

일정한 간격이 되도록 계속 비스듬히 자른다.

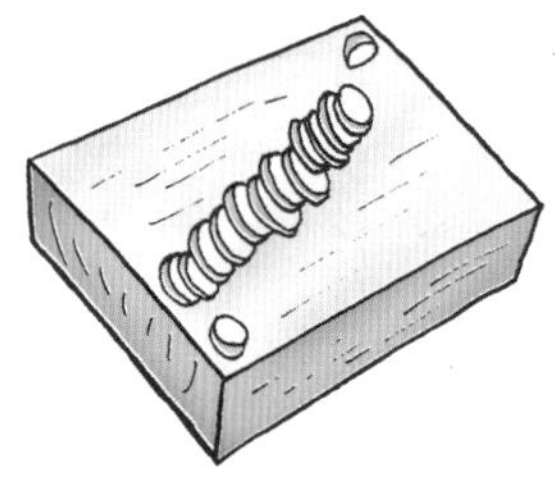

자른 오이를 가지런히 모은 뒤

오이 두께와 비슷하게 최대한 간격을 맞춰 자른다.

결국엔 연습이 중요!
한 번에 너무 잘하려 하지 말고
천천히 차분하게 시도하자.

당근도 오이 채썰듯 해도 되지만 딱딱해서 힘들다.
이렇게 해보자.

이제 채썰기의
달인이라고…응!?
어?
뭐라고?

당근을 반 자르고

길게 다시 반을 자르고

얇게 자르고

가지런히 모아서

채를 썬다.
동그랗게 하는 것보다
한결 쉽다.

콩자반

맞벌이 부부는 바쁘다.

왜? 돈이 없으니까…

그래서 말인데
….
?

도시락을 싸보자!

출근시간이 자유로운 내가 만들어야 한다 !!!
만화가

밑반찬 겸 도시락 반찬~! 콩자반을 만들어보자. 재료는

서리태, 흑태(냉면 그릇 하나 정도)
물엿(간장의 1/2)
간장 1/2~1공기
간장
참기름, 참깨 추가 가능

먼저 콩을 씻고

1시간 이상 불린다.
(딱딱한 걸 좋아하면 불리지 않아도 된다.)

콩 불린 물로 밥을 하면 검은콩밥처럼 맛있다.

불린 콩을 커다란 냄비에 옮기고 콩이 완전히 잠기도록 물을 붓는다.

간장과 물엿을 넣고 삶는다.

눌어붙지 않도록 저으면서 중불로 오래 삶는다.

완전히 졸아들면서 콩이 다 익으면 완성~! 깨나 참기름을 뿌려도 좋다.

어묵볶음~
왠지 덴뿌라가
더 맛있게 느껴진다.

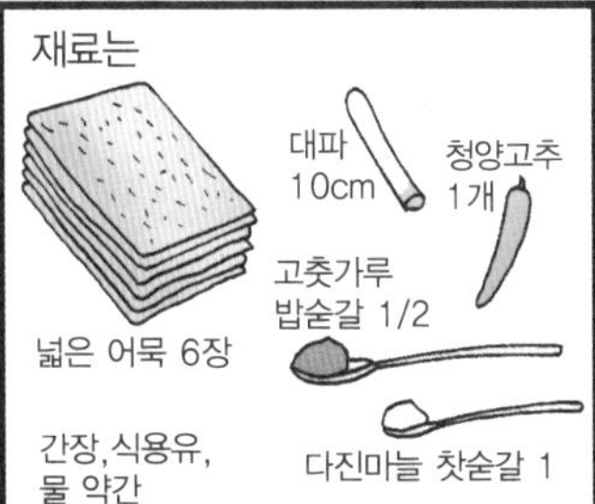
재료는
대파
10cm
청양고추
1개
고춧가루
밥숟갈 1/2
넓은 어묵 6장
간장, 식용유,
물 약간
다진마늘 찻숟갈 1

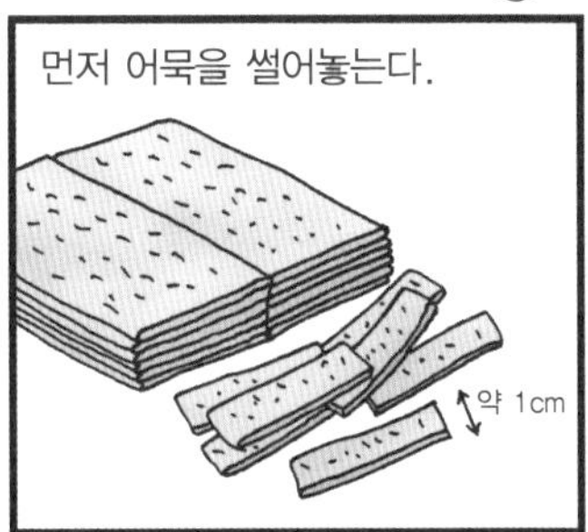
먼저 어묵을 썰어놓는다.
약 1cm

냄비에 식용유를 두루고
어묵을 살짝 볶는다.

어묵이 3/4쯤 잠기도록 물을 붓
고 간장(2~3숟갈), 고춧가루,
마늘, 고추, 파를 다져 넣는다.

양념이 고루 섞여 배어들도록
계속 저으면서 볶는다.

국물이 완전히 졸아들면 완성!

다 식으면 반찬통에 담아 냉장
보관한다.

이렇게 도시락을 싸면~

어머~ 맛있다~!
어떻게 한거야?

잘 몰라요~
남편이 해준거라
정말?!
훗

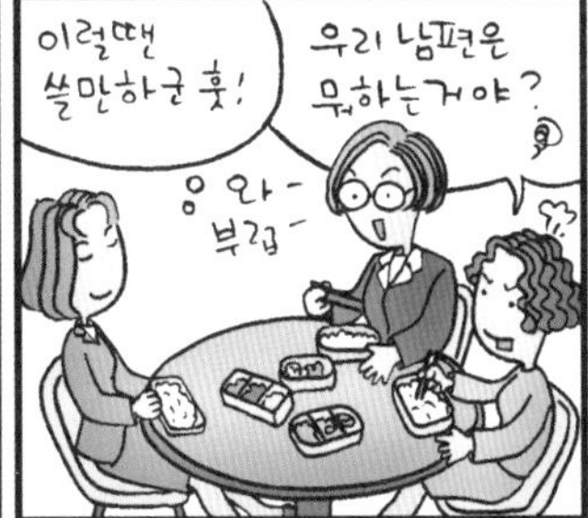
이럴땐
쓸만하군 훗!
우리 남편은
뭐하는거야?
부럽-

오징어채볶음

다른 반찬이 먹고 싶은데~
왜 그렇게 신났지?

모든 밑반찬은 도시락 반찬이 기도 하다.

장기보존 밑반찬을 만들어보자.
신참! 장아찌 형님께 인사드려라~!
네…… 네엡…
에헴~

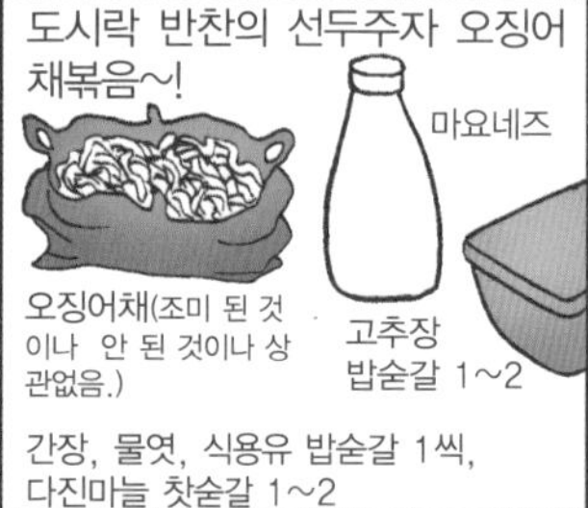
도시락 반찬의 선두주자 오징어채볶음~!
마요네즈
오징어채(조미 된 것이나 안 된 것이나 상관없음.)
고추장 밥숟갈 1~2
간장, 물엿, 식용유 밥숟갈 1씩,
다진마늘 찻숟갈 1~2

오징어채를 마요네즈에 버무린다.(딱딱해지지 않도록)

프라이팬에 식용유, 고추장, 간장, 물엿, 다진마늘을 넣고

양념이 잘 섞이도록 약한불로 볶는다.

오징어채를 넣고 양념이 잘 묻도록 섞는다.

입맛에 따라 깨를 뿌린다. 냉장고에 보관. 두고두고 먹자~!

쥐포채도 요리 과정이 같다.

고추장을 안 넣고 간장과 물엿, 다진마늘로 양념장을 만들어 쥐포채를 버무려도 좋다.

마찬가지로 냉장보관~!

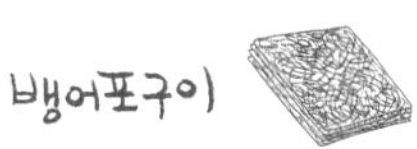
뱅어포구이

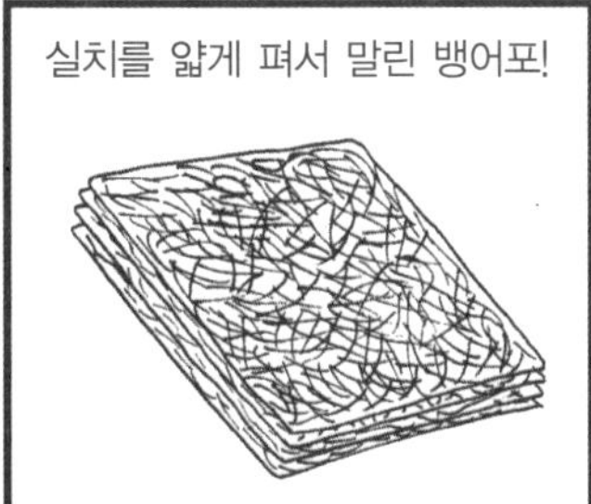
실치를 얇게 펴서 말린 뱅어포!

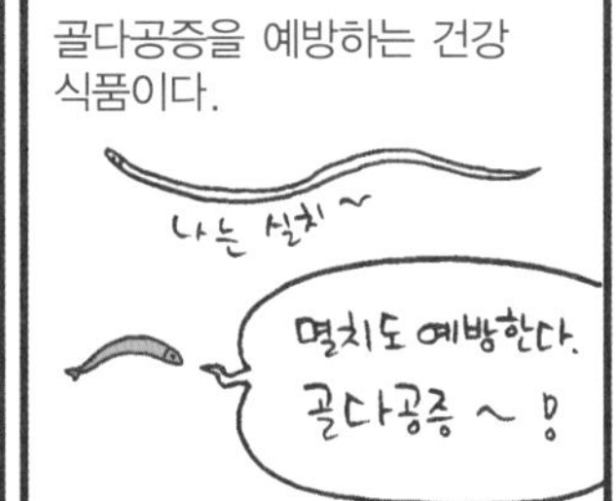
골다공증을 예방하는 건강 식품이다.
나는 실치~
멸치도 예방한다.
골다공증 ~ !

뱅어포구이를 해보자.
고추장 밥숟갈 1~2
뱅어포 4~5장
다진마늘 찻숟갈 1~2
간장 밥숟갈 1~2
간장
물엿 밥숟갈 1
식용유 약간

고추장, 간장, 물엿, 다진마늘을 약한불에 끓이면서 잘 섞는다.

프라이팬에 식용유를 살짝 두르고 달군 뒤에

뱅어포가 아삭해지도록 앞뒤로 굽는다.

뱅어포가 식기 전에 양념장을 앞뒤로 고루 바른다.
(힘들면 한쪽만 바른다.)

석쇠가 있으면 뱅어포에 앙념장을 먼저 바르고 굽기도 한다.

가위로 먹기 좋은 크기로 자른다.

맛있겠다 ~

좋아 ~
맛있어 ~

엇! 도시락 쌀것까지
먹어버렸다!

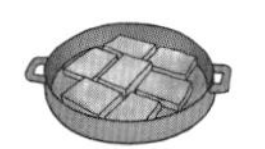

두부조림

남편이 도시락 싸준다니까 다들 부러워 하더라고~
뿌듯

새로운 메뉴를 준비해보자.
나는 멋쟁이 남편

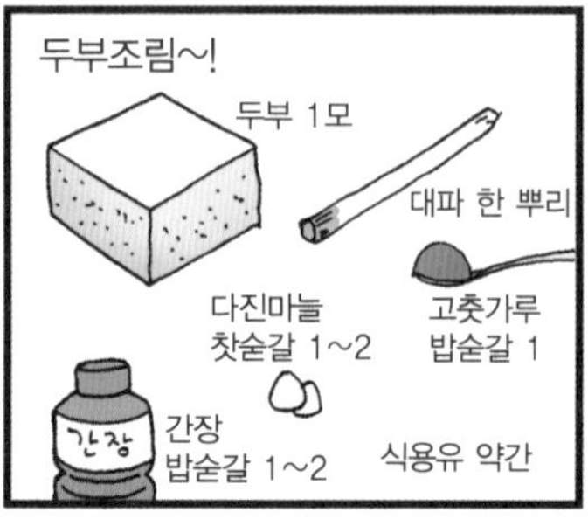

두부조림~!
두부 1모
대파 한 뿌리
다진마늘 찻숟갈 1~2
고춧가루 밥숟갈 1
간장
간장 밥숟갈 1~2
식용유 약간

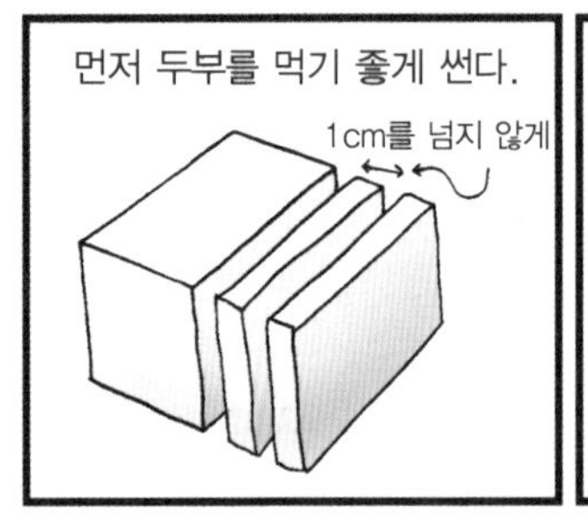

먼저 두부를 먹기 좋게 썬다.
1cm를 넘지 않게

기름을 두르고 두부를 부친다.

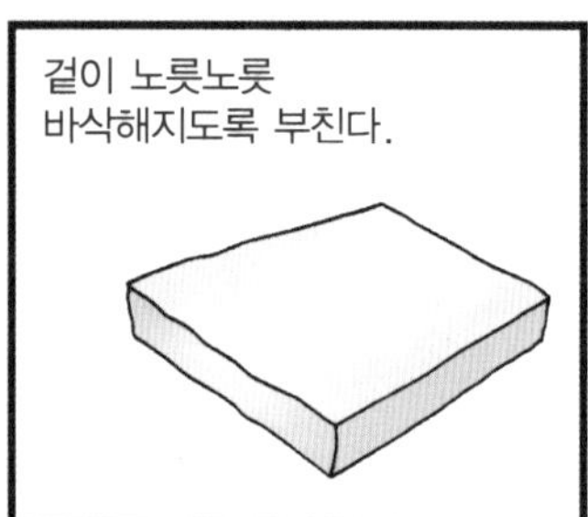

겉이 노릇노릇
바삭해지도록 부친다.

넓은 냄비에 부친 두부를 넣고

고춧가루, 간장, 다진마늘,
다진파를 넣고 두부가 잠길
정도로 물을 넣는다.

국물과 양념을 두부 위에 고루
뿌리며 졸인다. 국물이 바닥에
자작하게 남으면 완성~!

자기야~ 새로운 도시락 반찬! 맛있겠지~
내일 싸줄게

아! 오늘부터 도시락 안싸기로 했는데…
미안~

……
밥반찬으로 맛있겠네 다녀올게~

양파썰기
어머!
내옷!!!!
양파를 썰 때는
먼저 겉껍질을 벗기고
반을 가르고
절반까지 자른다.
나머지 반을
90도로 돌린다.
다시 끝까지
자른다.
내가
양파를~흑~!

이렇게 하면
양파 속이 미끄러 벗어나지 않고
수월하게 빨리 자를수 있다.

양파는 오래 보관할수록 투명한 속껍질이
미끌거리고 더 매워진다.
되도록 빨리 먹자.

짜장면

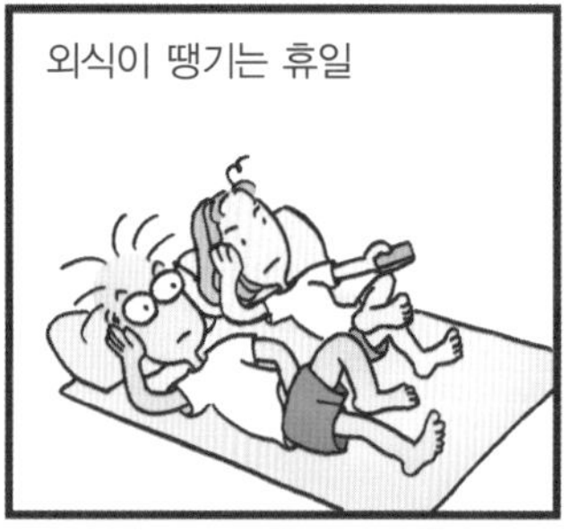
외식이 땡기는 휴일

배달이요~
후닥-

짜장면은 한국인의 영원한 로망~!

그러나 동네에 맛있는 집이 없다면···

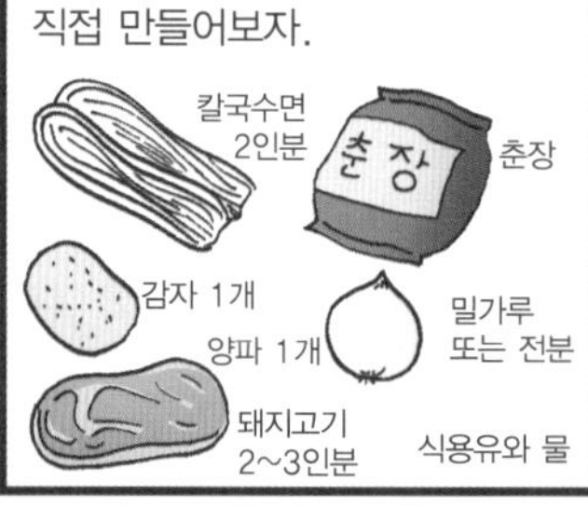
직접 만들어보자.
칼국수면 2인분
춘장
춘장
감자 1개
양파 1개
밀가루 또는 전분
돼지고기 2~3인분
식용유와 물

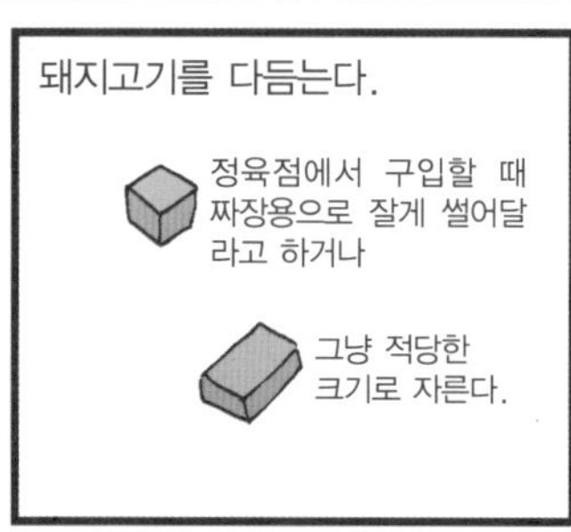
돼지고기를 다듬는다.
정육점에서 구입할 때 짜장용으로 잘게 썰어달라고 하거나
그냥 적당한 크기로 자른다.

감자를 썰고
1cm 정도

양파도 다듬는다.
1cm 정도

돼지고기와 감자를 먼저 볶는다.

고기와 감자가 반쯤 익으면 양파와 춘장(밥숟갈 2)을 넣고 볶는다.

물(머그컵 2~3)을 넣고 끓인다.

밀가루(밥숟갈 2~3)를 뭉치지 않게 솔솔 뿌려넣는다.

면을 삶는다. 먼저 물을 끓이고

칼국수면을 넣고 끓인다.(달라붙지 않게 살살 저어준다.)

면이 다 익으면
찬물에 헹군다.

물기를 빼고

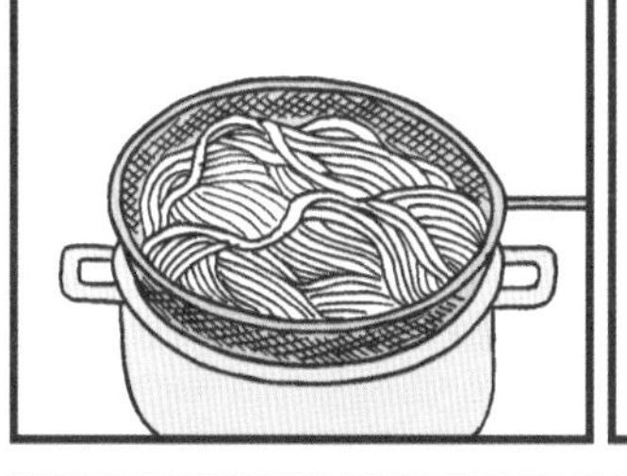

그릇에 담아 짜장을 얹으면
완성!

잘 비벼서 먹자.

면이 부족하면 짜장밥으로 먹고

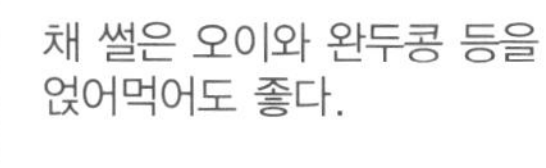
채 썰은 오이와 완두콩 등을
얹어먹어도 좋다.

후루룩
후룩

잘먹었습니다~♥

먹자마자 바로 눕자.
뱃살 늘리기의 절대 조건~!

콩나물 볶음

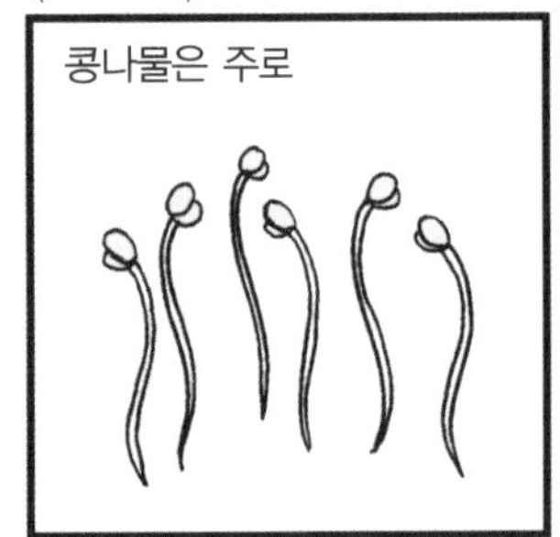
콩나물은 주로

국을 끓이거나 삶아서 무쳐 먹는다.

여기에 하나 더 추가해보자.
우릴 어쩐다고??

이름하여 콩나물볶음!
볶아 먹는대…
뭐야!

난 밥반찬 따위는 되기싫어! 여길 뜰꺼야!
잠깐! 거긴…!

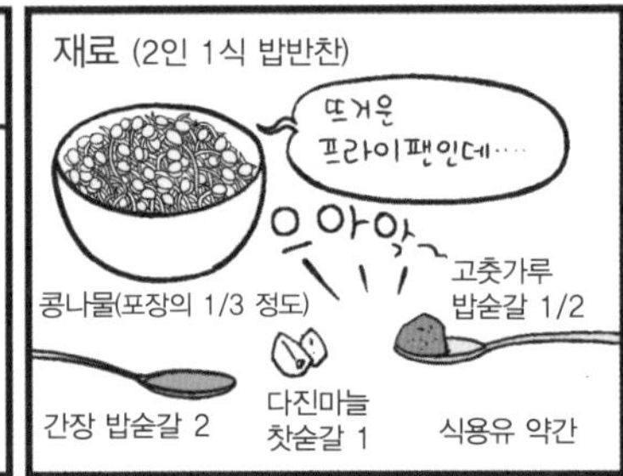
재료 (2인 1식 밥반찬)
뜨거운 프라이팬인데…
으아악~
콩나물(포장의 1/3 정도)
고춧가루 밥숟갈 1/2
간장 밥숟갈 2
다진마늘 찻숟갈 1
식용유 약간

프라이팬에 기름을 두르고 충분히 달군다.
나… 먼저간다…

콩나물을 올리고 간장, 마늘, 고춧가루를 뿌리고 살짝 섞는다.

뚜껑을 덮고 약 30초간 센불로 가열한다.

뚜껑을 열면 콩나물에서 국물이 생긴다. 콩나물을 양념과 고루 섞으며 볶는다.

국물이 거의 다 졸았을 때 그릇에 담는다.

또 만났네~
결국 나의 운명은 …흑…

김장 직전 남은 신김치!

보통은 찌개나 전을 부친다.
김치안주
오바이트전~!
우엑

오늘은 색다르게 시도해보자.
무슨색?!
주황색~
딸꾹

김치카레 재료 (2인분)
카레
카레
김치
반 공기
돼지고기
1/4근
양파
1개

돼지고기를 볶는다.

고기가 반쯤 익었을 때 다진
김치와 양파를 넣고 볶는다.

더 맵게 먹으려면 고추나
마늘을 넣으면 좋다.

재료가 다 익으면 물에 잘 개어
놓은 카레가루를 넣고 끓인다.

보글보글 주황색으로 카레가
끓어오르면 완성.

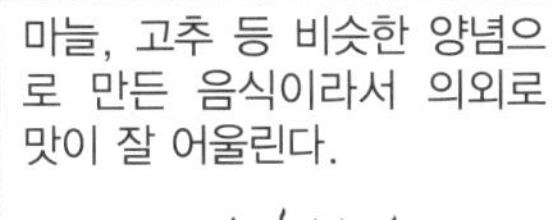
마늘, 고추 등 비슷한 양념으
로 만든 음식이라서 의외로
맛이 잘 어울린다.

먹어~
그.그래…

주황색이군…

굴 활용 (굴전, 굴관리, 보관법)

기분을 풀어줘야 한다.

뭐가 있을까?

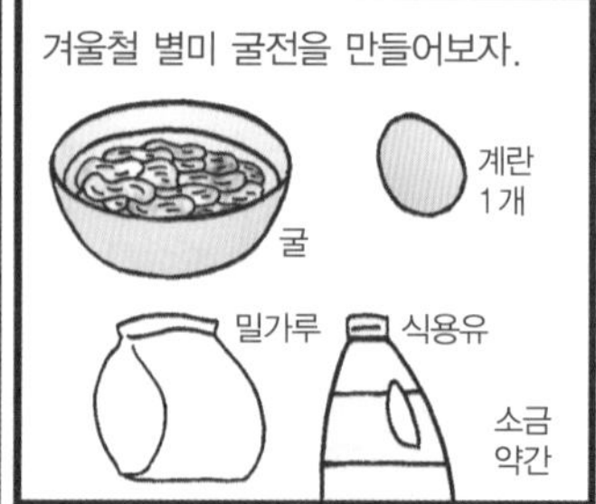
겨울철 별미 굴전을 만들어보자.
계란 1개
굴
밀가루
식용유
소금 약간

굴을 씻을 때 그냥 물에 씻으면 맛도 빠지고 모양도 부서진다.

굴을 씻을 때는 무 한 조각을 갈아넣는다.

손으로 살살 휘휘 젓는다. 굴에 붙은 찌꺼기가 떨어진다.

체에 받쳐 물기를 빼고

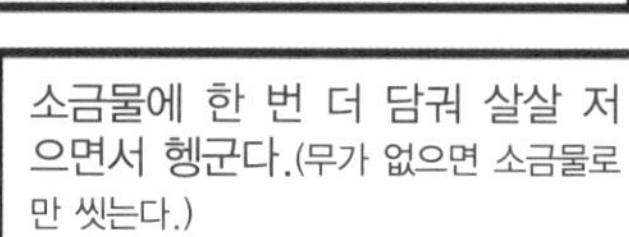
소금물에 한 번 더 담궈 살살 저으면서 헹군다.(무가 없으면 소금물로만 씻는다.)

가끔 걸리는 껍질 조각만 손으로 고른 뒤 물기를 내린다.

밀가루, 계란에 물을 조금 넣어 묽은 반죽을 만든다.

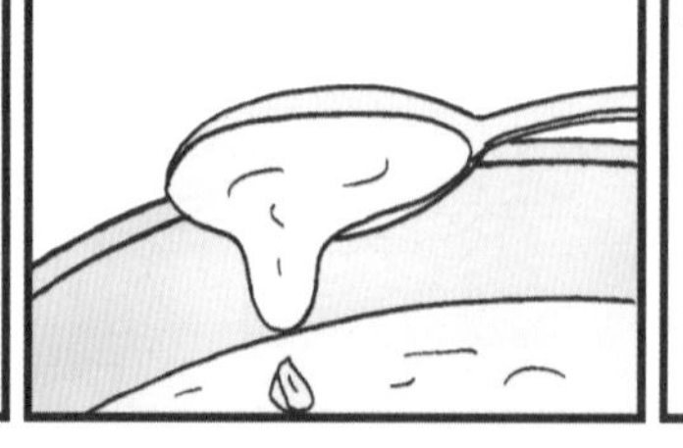
약간 점성이 있어 떨어질 정도로 농도를 맞춘다.

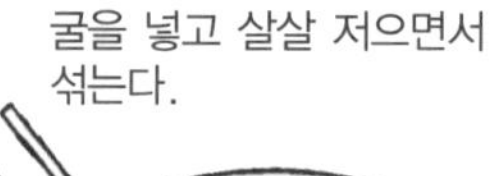
굴을 넣고 살살 저으면서 섞는다.

하나씩 떼내어 프라이팬에 부친다.

옷이 다 익었다 싶을 때 뒤집는다. 너무 오래 익히면 맛이 떨어진다.

굴전 완성!

굴은 해물파전에 넣어도 되고

미역국에 넣거나

초고추장에 찍어먹어도 좋다.

생굴을 보관할 때는 그릇에 담아 밀봉한 뒤 냉동보관한다.

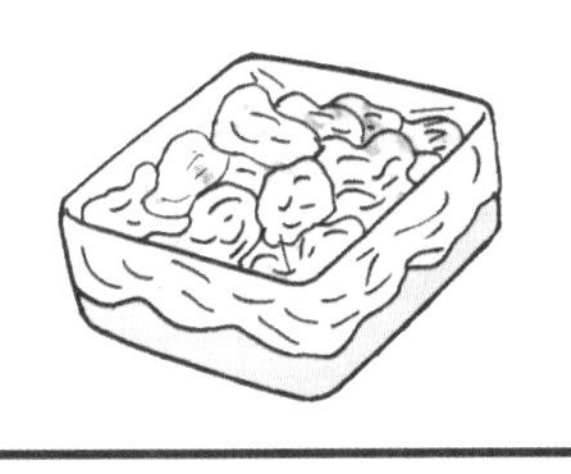

꺼내 먹을 때는 물에 담궈 해동하면 원래대로 돌아온다.(냉장실에서 2~3일 이상 보관하면 비린내가 심해진다.)

술 먹을땐 먹더라도 좀 적당히 마시라고!
넵… 죄송….

다음 날…

아~ 저~ 그게~

라면에 굴 몇 개 넣으면

훌륭한 해장라면이 된다.

이야~ 속풀린다~

어묵정식

혹한기

휘이잉

따뜻한 국물이 필요하다.
꽁-

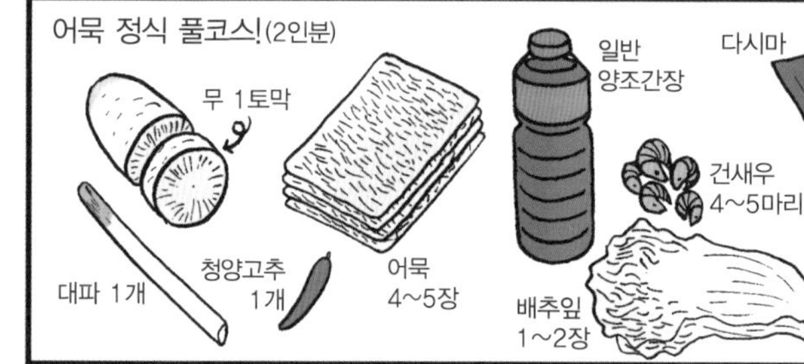
어묵 정식 풀코스!(2인분)
무 1토막
대파 1개
청양고추 1개
어묵 4~5장
일반 양조간장
배추잎 1~2장
건새우 4~5마리

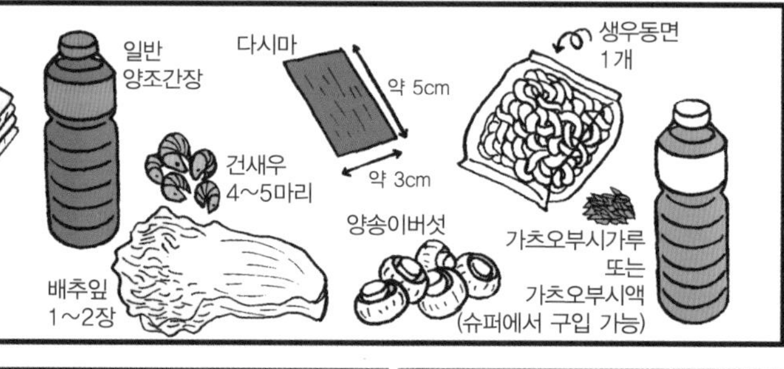
다시마
약 5cm
약 3cm
양송이버섯
생우동면 1개
가츠오부시가루 또는 가츠오부시액 (슈퍼에서 구입 가능)

라면냄비보다 한 둘레 큰 중간 냄비에 무와 물(냄비 2/3)을 넣고 끓인다.

건새우, 다시마, 간장(1~2숟갈), 가츠오부시액(3~4숟갈)을 넣는다.

물이 끓으면 5분 뒤에 대파와 고추를 넣고 끓인다.

5분 정도 더 끓이면 국물 완성!

어묵은 3~4등분 하고

양송이버섯은 꼭지를 따고
배춧잎도 먹기 좋게 잘라 준비한다.

불 위에 냄비를 올리고

어묵, 버섯, 배추 등을 먹을 만큼씩 넣고 끓인다.

어묵 등 익는 대로 건져 먹으면서 계속 집어넣는다.

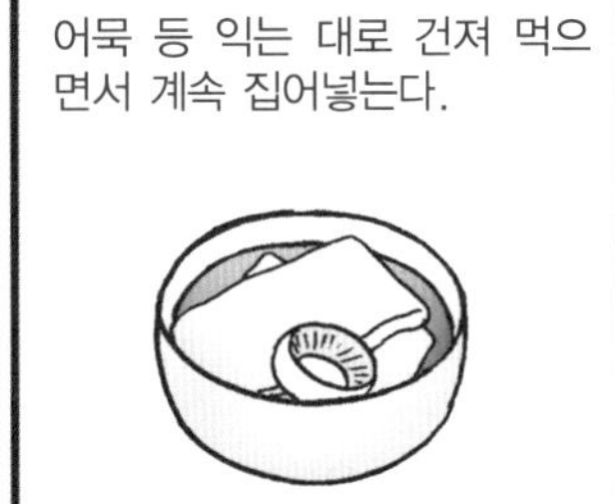

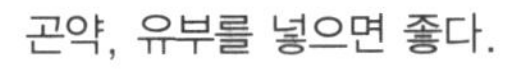
곤약, 유부를 넣으면 좋다.

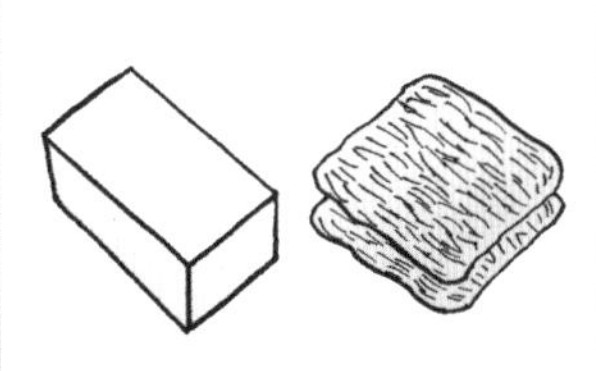

국물맛이 잘 스며든 무도 별미!

남은 국물에 우동면을 끓여먹는다. 고춧가루, 김가루 등을 뿌려도 좋다.

따끈한 청주 한잔 곁들이면 금상첨화!

주전자에 먹을 만큼 붓고

끓기 직전! 기포가 가운데 생기기 시작한 바로 그때 따라 마신다.

혹한기 스페셜 어묵 정식 풀코스!

새해에도
또 술이야!!

전활용 (전볶음, 전조림, 전튀김, 전찌개)

명절에는 늘 음식이 푸짐하다.

어머니의 마음, 전 한 보따리!

한동안 밥상의 주인공이던 전들은

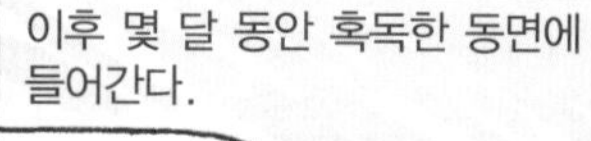

이후 몇 달 동안 혹독한 동면에 들어간다.

혹한기
수행중-!
여기는 냉동실!

지난 설날 먹다 남은 냉동전 활용하기!

꽁꽁

첫 번째 전볶음

미리 녹여놓은 전을
잘게 썰어준다.

기름을 두르고 달궈놓은 프라이팬에 맛술과 함께 넣고 볶는다.

후추로 살짝 간을 하고 물컹한 전이 딱딱해지도록 볶는다.

맛술과 함께 냉장고
냄새 제거용이다.

밥반찬으로 하거나 밥 위에 얹어 비벼 먹는다.

아니면 아예 볶음밥 고명으로!

두 번째 전조림

전을 냄비에 넣고

간장(소주잔 1), 청양고추, 다진마늘과 파, 고춧가루, 맛술을 넣고 물을 약간 붓는다.

국물에 전이 잠길 정도로

국물이 1/4 정도로 줄어들 때까지 조리면 전 간장조림 완성!

세 번째 전튀김

맛술과 후추간으로 볶아놓은
전을 밀가루(밥숟갈 1)를 넣고
반죽한다.

손바닥 반만 하게 뭉친 덩어리를

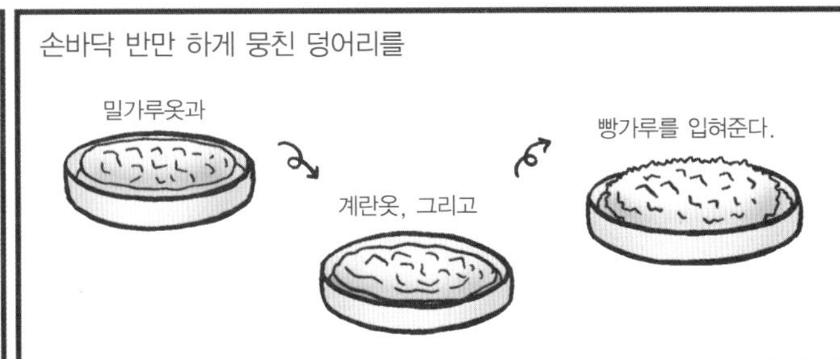
밀가루옷과
계란옷, 그리고
빵가루를 입혀준다.

노릇노릇하게 튀기면 완성!

케첩이나 간장을 곁들여서
먹는다.

네 번째 전찌개

전과 함께 맛술을 넣고 볶는다.

다진마늘과 신김치를 넣고
좀더 볶은 뒤

물을 넣고 파, 고추, 고춧가루,
소금 등으로 양념하고 끓인다.

얼큰하고, 푸짐하고, 걸쭉한
전 김치찌개 완성!

어머니의 마음을 버리지 말고
모두 알뜰히 먹어치우자!

한편

쟤는 아직도
저러고 있네ー
......
아이스
바보들이
지난 추석전을
꺼내갔어ー

멀었어
~~?
쫌만 기다려~
끙ー
콰직

만두전골

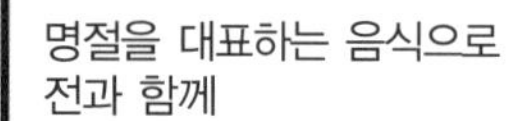

명절을 대표하는 음식으로 전과 함께

만두를 들 수 있다.

냉동 손만두를 이용한 만두전골을 만들어보자.

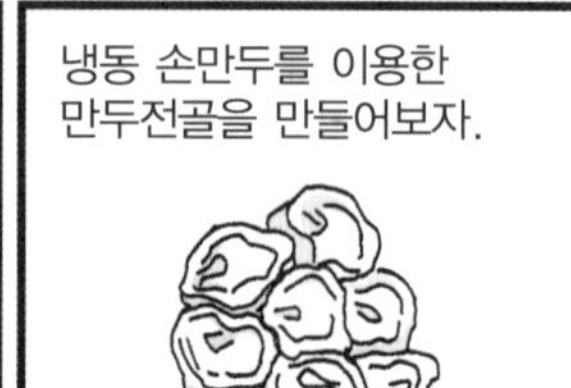

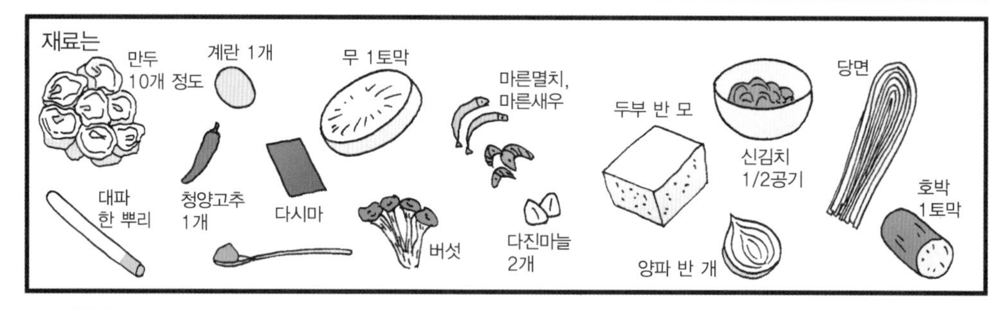
재료는
만두 10개 정도
계란 1개
무 1토막
마른멸치, 마른새우
두부 반 모
당면
신김치 1/2공기
호박 1토막
대파 한 뿌리
청양고추 1개
다시마
버섯
다진마늘 2개
양파 반 개

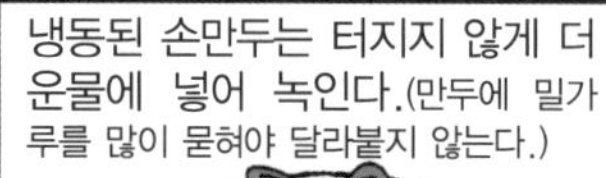

냉동된 손만두는 터지지 않게 더운물에 넣어 녹인다.(만두에 밀가루를 많이 묻혀야 달라붙지 않는다.)

냄비에 무를 넣고 된장(밥숟갈 1), 마른새우, 멸치, 다시마를 넣고 무가 익을 때까지 끓여 육수를 만든다.

당면은 뜨거운 물에 불려놓고

두부는 납작하게

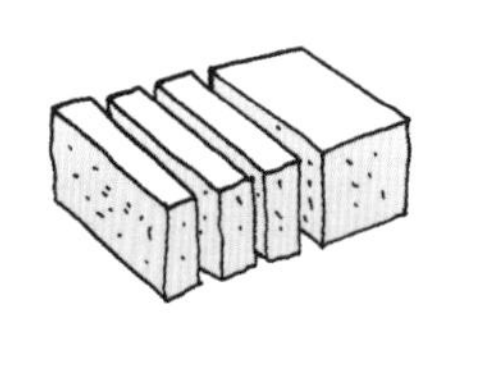

양파와 호박, 고추, 대파는 잘게

버섯도 잘게 썰어놓는다.

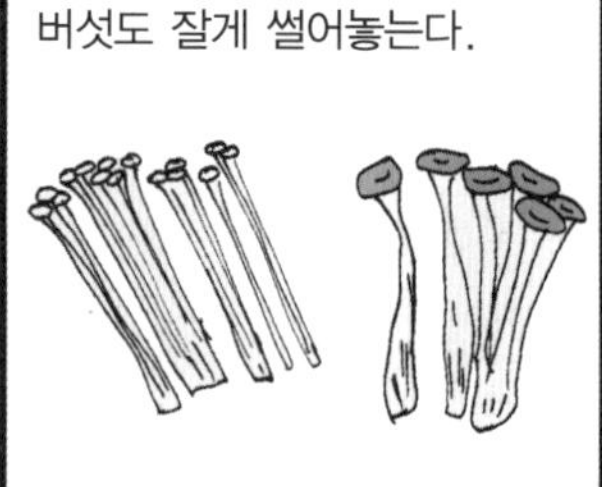

계란지단을 얇게 부치고

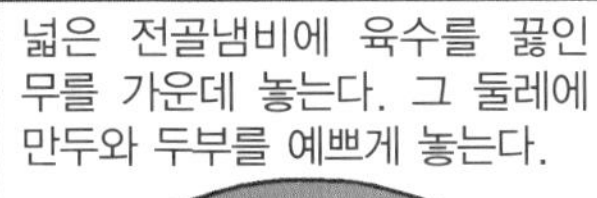
넓은 전골냄비에 육수를 끓인 무를 가운데 놓는다. 그 둘레에 만두와 두부를 예쁘게 놓는다.

다음은 야채들을 무 둘레에 예쁘게 놓고

불린 당면을 무 위에 얹은 다음에 계란지단을 얹는다.

육수를 넣고 끓인다.
망으로 걸러준다.

끓이면서 먹는다.

만두전골 완성~!

이번에는 오래된거 아니지?
당근~

..이 아니군...
끙~

한편
거사님! 한말씀 부탁드립니다!

.....
거사님!

입이 열었다!
조용! 말씀 하시려나보다!

천연조미료 만들기

국물맛을 내기 위해

라면스프를!
으아~
화학조미료는 편리하지만
과하면 몸에도 좋지 않고
맛을 획일적으로 만듭니다.
쇠고기
다시
맛나
미원

화학조미료가 흉내 내고 싶어한
원조 천연조미료를 만들어보자.

멸치 건새우 말린 표고버섯 다시마 등등을 그냥 사용해도
되지만

멸치는 볶아서

(54쪽 멸치구이 참조)

분쇄기로 갈아서
멸치육수 낼 때 쓰면 된다.
같은 멸치 양으로 훨씬 많은
국물을 낼 수 있다.

건새우와 말린버섯도
같은 방법으로 만들어
조미료로 쓰면 좋다.

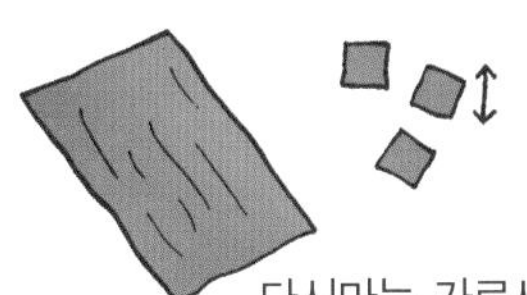

다시마는 가로세로
1cm 정도로 잘라서

프라이팬에 중불로
10분 이상 바삭하게 볶은 뒤

마찬가지로 분쇄기로 갈아서
다시마육수에 사용할 수 있다.
입자가 남을 수 있고
너무 많이 넣으면 국물이
텁텁해지니 주의할 것.

노가리머리!
내일 해장국
끓여야지!

북어 머리나 지느러미, 가시도 먹지는
못하지만 국물은 엄청나게 우러난다.
북어국물 내는 데 좋다.

(81쪽 북어포계란국 참조)

참나물 겉절이

봄이다.

춘곤증을 가장한 숙취

생동하는 봄의 상징!
봄나물 요리를 알아보자.

쑥
참나물
돌나물

재래시장에 가서 사면

천원어치씩 주세요~

봉지 하나씩 가득~!

이걸 언제 다…

돌나물은 먹을 만큼만 꺼내 깨끗이 씻은 후 깔끔하게 초고추장을 뿌려먹는다.

남은 돌나물은 물을 묻히지 않고 냉장실에 넣어두면 열흘 정도까지 보관 가능하다.

새로운 신참이냐?

아~ 네…

신김치

다음은 참나물

먹을 만큼만 잘 씻어서
(2인분, 라면냄비 가득~)

다진마늘(2~3개), 다진파(약간), 청양고추(1개), 고춧가루(밥숟갈 1), 간장(밥숟갈 4~5개)으로 양념장을 만든다.

양념장을 넣어 무친다.
(참기름, 참깨 등을 곁들여도 좋다.)

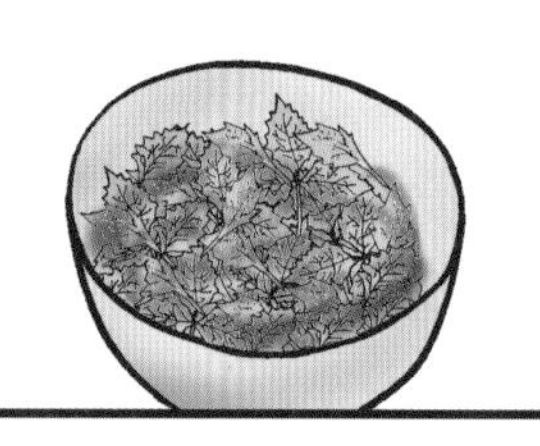

참나물겉절이 완성!

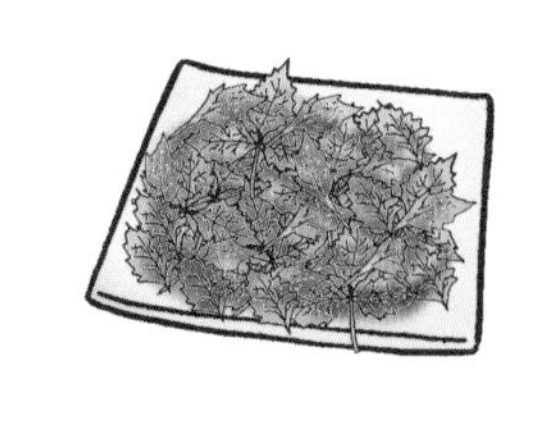

참나물도 안 씻은 채로 냉장고에 넣으면 오래도록 보관 가능!

인사드려라~ 간장게장 형님이시다!
아 네….
간장게장
신김치

이번에는 쑥

너무 질긴 부분은 자른 뒤 씻고 다듬는다.

무침을 할 때는 끓는 물에 살짝 데쳐서 초고추장이나 양념장과 같이 먹는다.

쑥전을 할 때는 다듬은 쑥을 잘게 썰어준다.

양파는 쑥과 1대1 정도 양으로 다져놓는다.

계란(1개), 밀가루(밥숟갈 2~3), 소금과 물을 약간 넣고 반죽한다.

먹기 좋게 부치면 완성!

5~8mm 두께가 되도록 얇게 펴준다.

참나물도 마찬가지로 양파 대신 다진 청양고추(1개)를 넣고

프라이팬에 부치면 고소~한 참나물전 완성!

쑥전
참나물전

쑥도 냉장보관이 가능하지만 다른 나물에 비해 잎끝이 쉽게 무르고 줄기가 말라 질겨진다. 되도록 빨리 먹도록 하자.

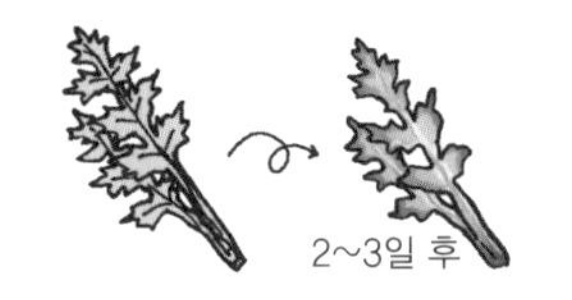
2~3일 후

그리고 봄나물을 먹는 최고의 방법은 당연히 비빔밥!

이번달 생활비 어쨌어? 다 풀밭이네?
봄이 잖아~ 채식이 몸에 좋지~
뜨끔
어제 술값이…

봄동겉절이

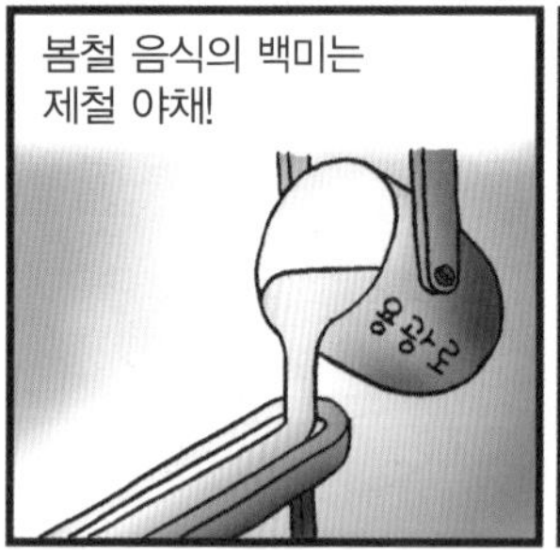
봄철 음식의 백미는
제철 야채!
용광로

그 '제철'이
아니잖아!

이름도 봄스러운 봄동겉절이를
해보자.
여름엔 '여름똥'이 되나?
배추가 된다! 바보야!!

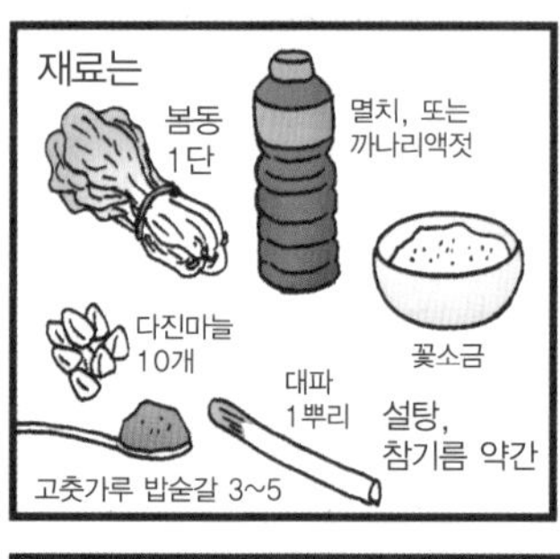
재료는
봄동
1단
멸치, 또는
까나리액젓
다진마늘
10개
꽃소금
대파
1뿌리
설탕,
참기름 약간
고춧가루 밥숟갈 3~5

봄동을 다듬는다.

속은 씻어서 적당히 잘라놓는다.

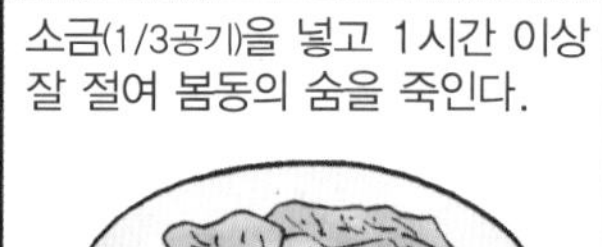

소금(1/3공기)을 넣고 1시간 이상
잘 절여 봄동의 숨을 죽인다.

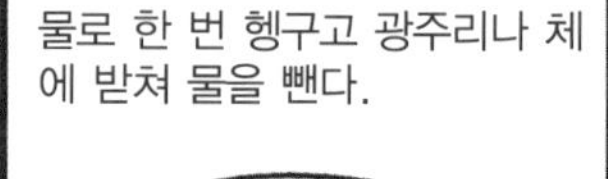

물로 한 번 헹구고 광주리나 체
에 받쳐 물을 뺀다.

액젓(1/4공기), 고춧가루, 다진마늘,
다진대파를 넣고 잘 버무린다.

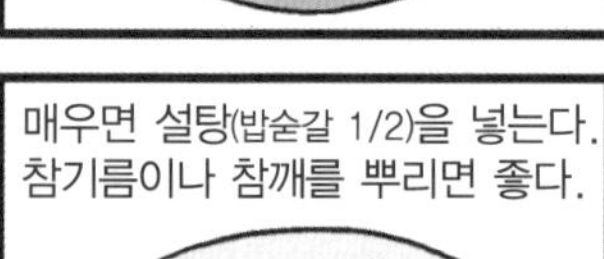

매우면 설탕(밥숟갈 1/2)을 넣는다.
참기름이나 참깨를 뿌리면 좋다.

봄동겉절이 완성~!

근데 왜 봄똥이냐구?
가을엔 '가을똥'인가?
배추라
니까!

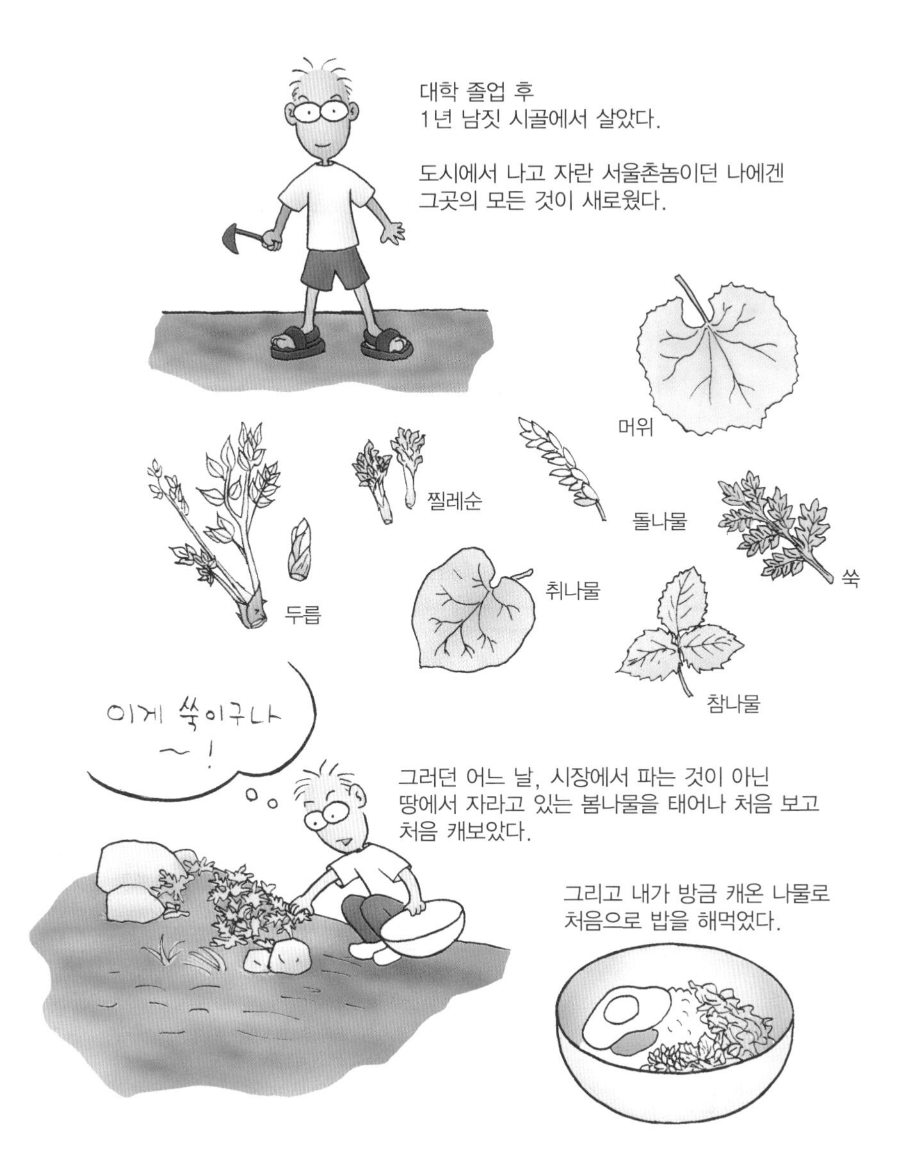
대학 졸업 후
1년 남짓 시골에서 살았다.
도시에서 나고 자란 서울촌놈이던 나에겐
그곳의 모든 것이 새로웠다.
머위
찔레순
돌나물
쑥
두릅
취나물
참나물
이게 쑥이구나
~!
그러던 어느 날, 시장에서 파는 것이 아닌
땅에서 자라고 있는 봄나물을 태어나 처음 보고
처음 캐보았다.
그리고 내가 방금 캐온 나물로
처음으로 밥을 해먹었다.

그 뒤로 봄나물을 고기보다 더 좋아하게 되었다.

돌솥비빔밥

신김치를 맛있게 먹는
또 하나의 방법!

돌솥비빔밥을 만들어보자.

재료(1인분)
신김치
1/4 공기
(김칫국물
도 많이)
밥 한 공기
계란 1개
상추, 깻잎, 나물 등등
손에 잡히는 대로

먼저 뚝배기가 필요하다.

김치와 김칫국물, 식용유를 밑에
깔고 그 위에 밥을 넣고 불에 올린다.

상추, 깻잎, 당근, 양파 등을 잘
게 썰거나 볶아놓는다.

계란을 미리 부치고

뚝배기가 완전히 달아오르면

야채와 계란, 참기름과 고추장
을 넣고 식기 전에 비빈다.

양은냄비로도 만들 수 있다. 불
위에서 김치가 달궈지면 바로
비벼야 한다.

돌솥비빔밥 완성~!

내꺼는?!!
뚝배기가
하나라
....

꽁치김치조림

자취생 요리의 약점 어패류!

다루기 어렵고…
장기보존이 힘들고 …

그 어려움을 해결할 수 있는 꽁치캔 요리를 해보자.

-꽁 치-

꽁치조림의 재료는 (2인분)

꽁치캔 1개

신김치 반 공기

대파 이만큼

청양고추 1개

고춧가루 밥숟갈 1

다진마늘 밥숟갈 1/2

밑이 넓은 전골냄비에 김치와 꽁치를 넣는다.

꽁치캔 2개 정도 물을 붓고

고춧가루, 파, 마늘, 고추를 넣고 끓인다.

졸아들어 타지 않게 물을 넣으면서 30분 이상 끓인다.

국물이 처음의 반 정도가 되도록 졸아들면 완성~!

훌륭한 밥반찬이다.

꽁치~
꽁치~
꽁치~
맛있겠다~
꽁치~

밥은?

비빔라면

자취음식의
영원한 희망 라면!

그 자체로도 맛있지만
여러 가지로 응용 가능하다.

다양한 라면에
도전해보자.
커서
뭐가 되고싶니?
돈까스요~!

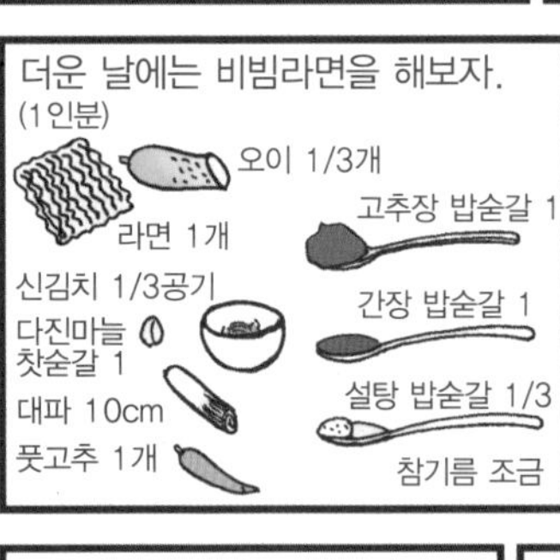
더운 날에는 비빔라면을 해보자.
(1인분)
오이 1/3개
라면 1개
고추장 밥숟갈 1
신김치 1/3공기
간장 밥숟갈 1
다진마늘
찻숟갈 1
설탕 밥숟갈 1/3
대파 10cm
풋고추 1개
참기름 조금

고추장, 간장, 설탕에 마늘,
파, 고추를 다져넣어 양념장을
만든다.

신김치는 프라이팬에 볶는다.

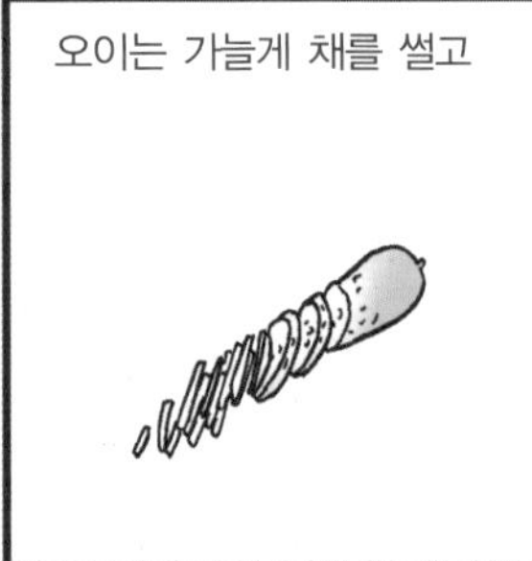
오이는 가늘게 채를 썰고

라면은 면만 끓인다.

젓가락으로 면을 계속 꺼냈다
넣었다 반복하면 면이 쫄깃해진다.

면이 다 익으면 찬물에 헹군 뒤

양념장, 볶은김치, 참기름,
오이채를 넣고 비비면
비빔라면 완성!

상추, 깻잎, 열무김치, 삶은계란
등 입맛따라 곁들이면 좋다.

짜장라면

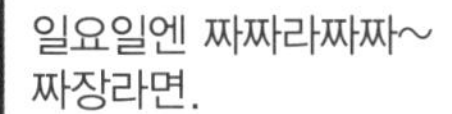
일요일엔 짜짜라짜짜~
짜장라면.

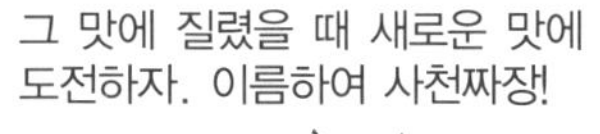
그 맛에 질렸을 때 새로운 맛에 도전하자. 이름하여 사천짜장!

왜 사천이야 ?
4천원이라서 사천이야 ~

'사천요리'란 중국 사천성 지역의 음식을 말한다.

북경
사천
강남
광동

사천 지방에선 손님에게 올린 음식이 맵지 않을까 걱정할 정도로 매운맛을 강조한다.

어서 드시지요 ~
네 - ...

한국인의 입맛에 맞는 사천짜장 재료를 알아보자.(1인분)

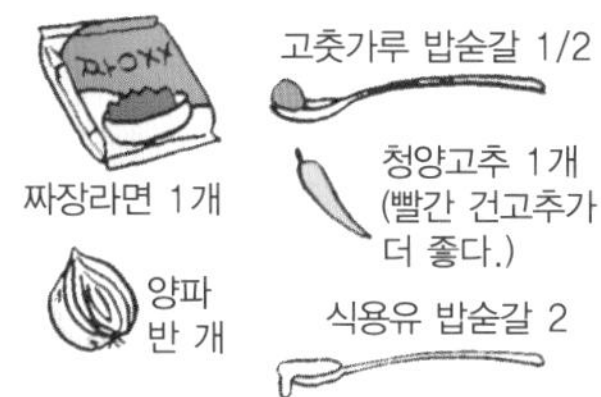
짜장라면 1개
고춧가루 밥숟갈 1/2
청양고추 1개 (빨간 건고추가 더 좋다.)
양파 반 개
식용유 밥숟갈 2

먼저 고추기름을 만든다.

(고춧가루+식용유+물1숟갈 기름이 빨개질 때까지)

양파와 다진고추를 넣고 볶는다.

면은 다른 냄비에 따로 삶는다.

면이 다 익으면 볶은양파와 고추에 넣고 섞는다.

국물은 면이 반쯤 잠길 정도

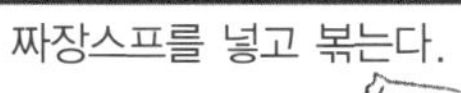
짜장스프를 넣고 볶는다.

적당히 졸아들면 완성!

자 드시오 - 사천원어치 ~
아 네.. 하하...
청양고추 4천원어치

팽이버섯전

팽이버섯

보통 찌개 등의 조연이지만

덥구나 팽이야~
네~ 두부마님~

그 자체로 훌륭한 요리를 만들 수 있다.

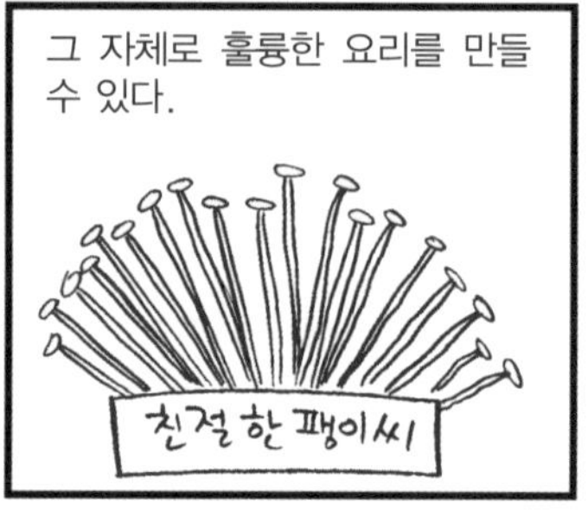
친절한 팽이씨

냉장고 안에서도 빨리 상하는 팽이버섯 요리를 알아보자.

이번엔 소주대신 버섯들이...

팽이버섯의 맛을 진하게 느낄 수 있는 팽이버섯전!

우리가 주연이라고?
그렇다는데...

재료는 (4인분 한 끼 반찬)

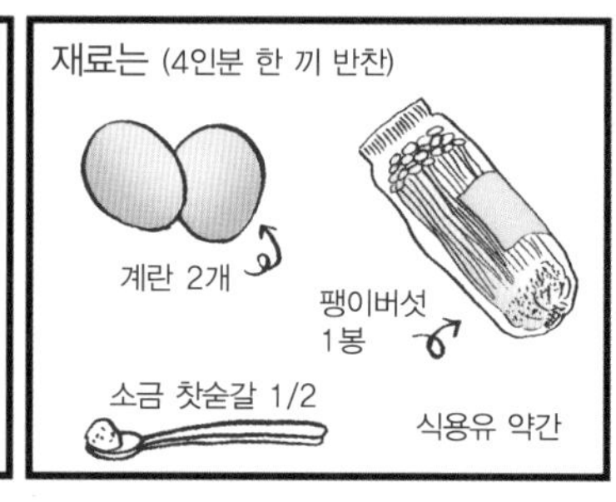
계란 2개
팽이버섯 1봉
소금 찻숟갈 1/2
식용유 약간

먼저 팽이버섯의 뿌리를 자르고

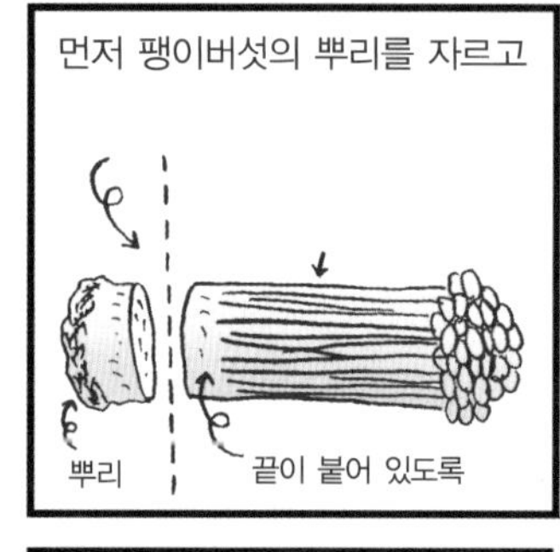
뿌리
끝이 붙어 있도록

적당한 크기로 잘게 찢는다.

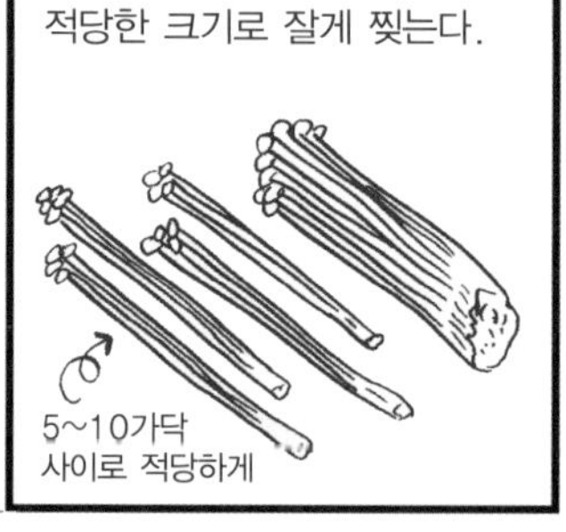
5~10가닥
사이로 적당하게

소금간을 한 계란을 잘 저어서 풀어준다.

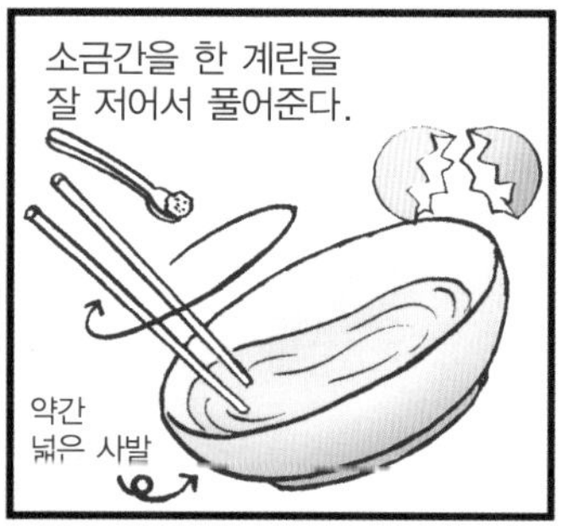
약간
넓은 사발

버섯을 넣고 계란옷을 입힌다.

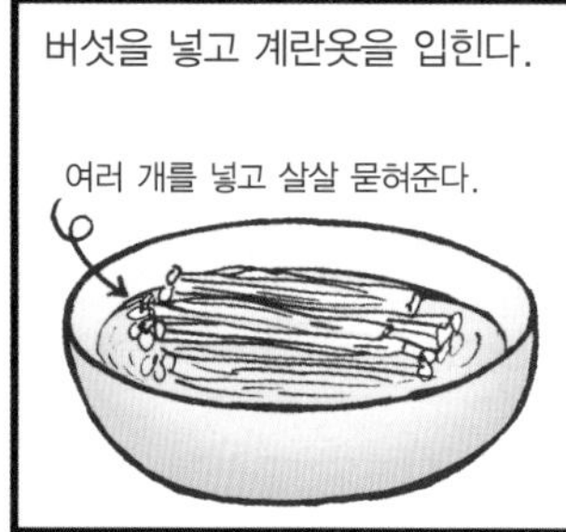
여러 개를 넣고 살살 묻혀준다.

계란옷이 다 익을 때까지 부친다.

노릇하게 익으면 완성. 접시에 담아 맛있게 먹자.

팽이버섯 활용 두 번째
팽이버섯무침!

이번에도
주연이군-!

재료는 (4인분 한 끼 반찬)

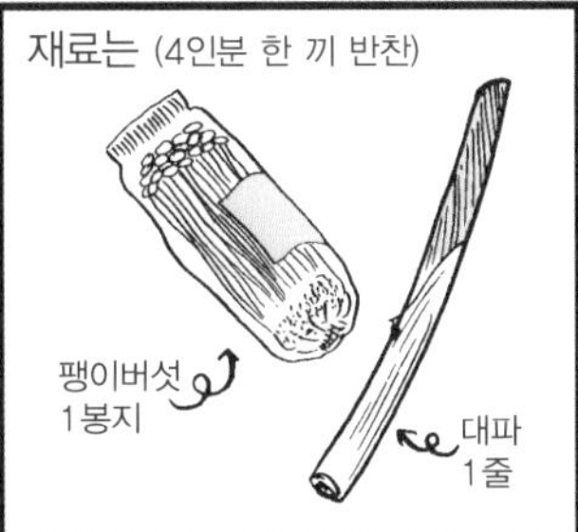
팽이버섯
1봉지
대파
1줄

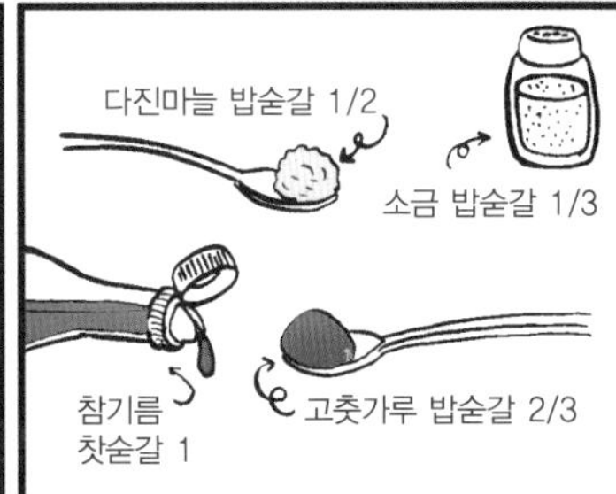
다진마늘 밥숟갈 1/2
소금 밥숟갈 1/3
참기름
찻숟갈 1
고춧가루 밥숟갈 2/3

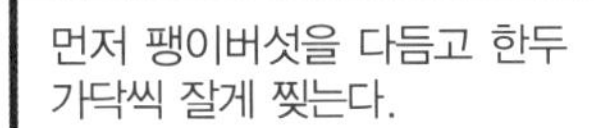

먼저 팽이버섯을 다듬고 한두
가닥씩 잘게 찢는다.

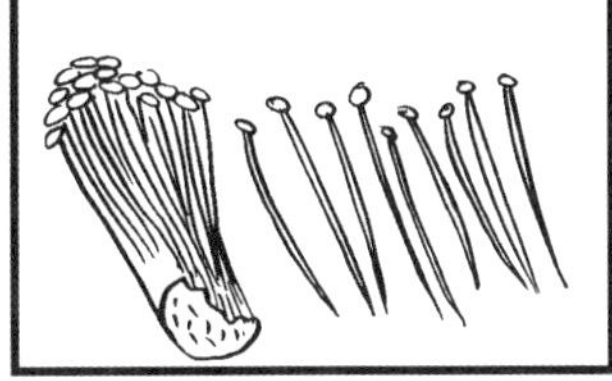

대파는 가늘게 채를 썬다.

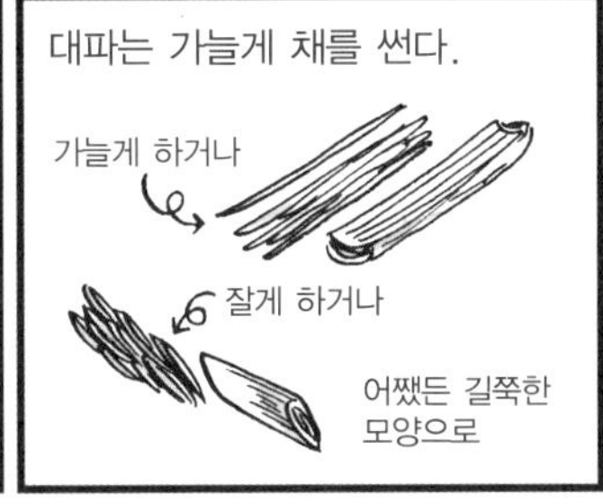
가늘게 하거나
잘게 하거나
어쨌든 길쭉한
모양으로

커다란 그릇에 담아서

소금, 다진마늘, 고춧가루, 참기
름 등 양념을 넣고 버무린다.

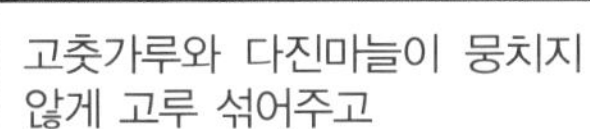

고춧가루와 다진마늘이 뭉치지
않게 고루 섞어주고

접시에 올리면 완성!

오이, 당근, 양파, 고추 등 야채
와 깨소금 같은 양념을 더 넣어
도 좋다.

그 자체로 맛이 산뜻하고
고기반찬과도 잘 어울린다.

그래서
풀밭이
지겨우니
곰팡이로군!

네 몸에 곰팡이
피게 해줄까?
잘먹겠
습니다
!!

가지전

병에 걸렸다.

매우 고통스런 난치병···

이제는 출혈까지!
너무나 고통스럽다.

이거 먹고
병원이나 가!

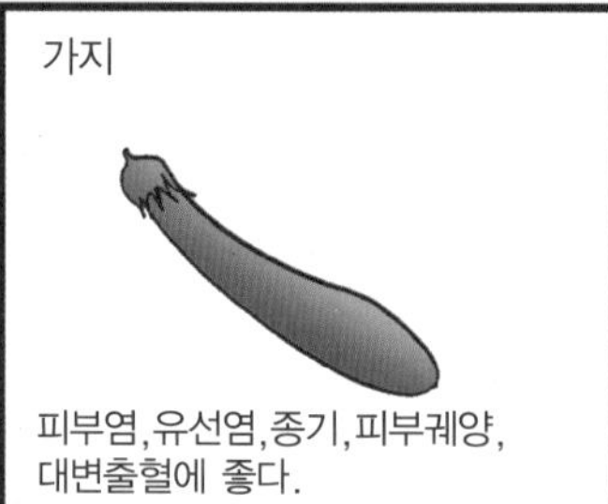
가지
피부염,유선염,종기,피부궤양,
대변출혈에 좋다.

특히 가지꼭지!

그늘에 말린 가지꼭지를
까맣게 불에 구운 뒤
가루를 내어
하루 2회씩 물과 함께
복용하면 특히 효과가
좋다. 어디에?

치질에!
확! 찔러버린다!
빨리 병원가!

가지는 흔히 쪄서 나물을 만들어
먹지만 다른 활용법이 많다.
생가지를 잘라서
마요네즈나 고추
장과 먹어도 좋고

프라이팬에 기름을 두르고, 소금
을 살짝 뿌려 굽거나

옷을 입혀 전으로 부쳐도 좋다.

이번엔 가지볶음을 해보자.

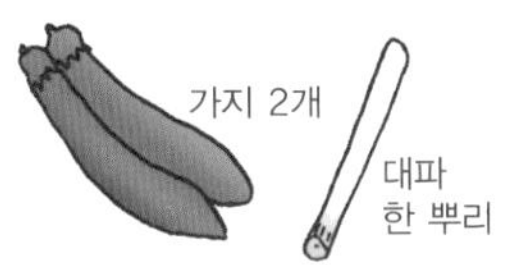
가지 2개
대파
한 뿌리
간장
밥숟갈 2~3
식용유와 다진마늘
양파나 다진고추
추가 가능

가지를 길게 자른다.

옆으로 2~3등분
길게 4~6등분

기름을 두른 프라이팬에
가지를 넣고

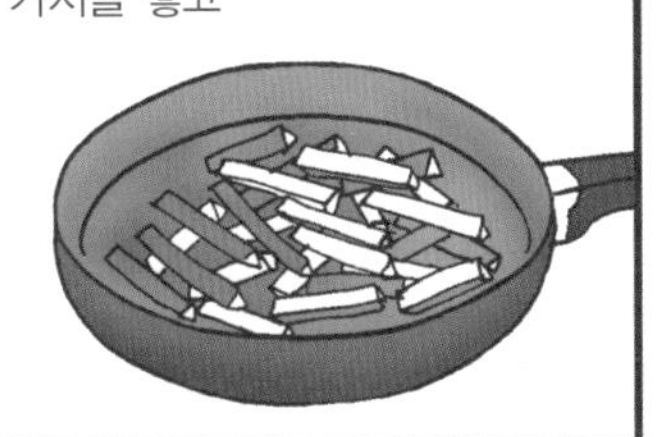

간장과 대파, 다진마늘을
넣는다.

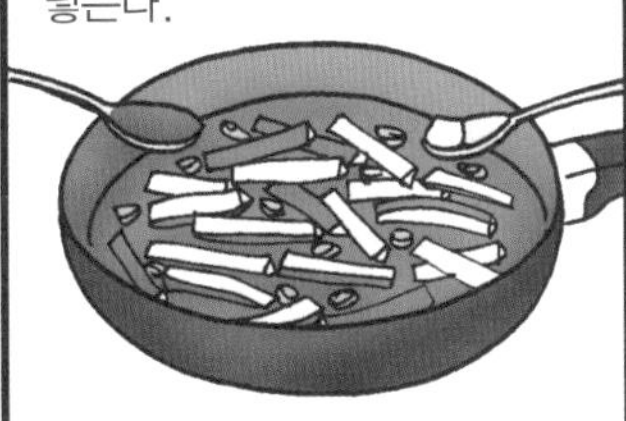

가지에 간장양념이
잘 스며들도록 볶는다.

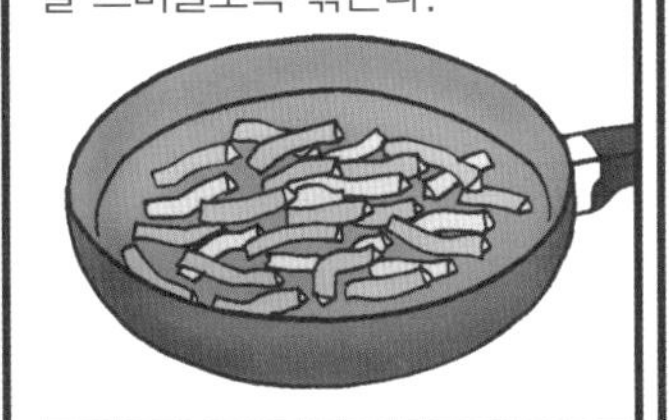

쫄깃쫄깃 달콤짭짤한
가지볶음 완성~!

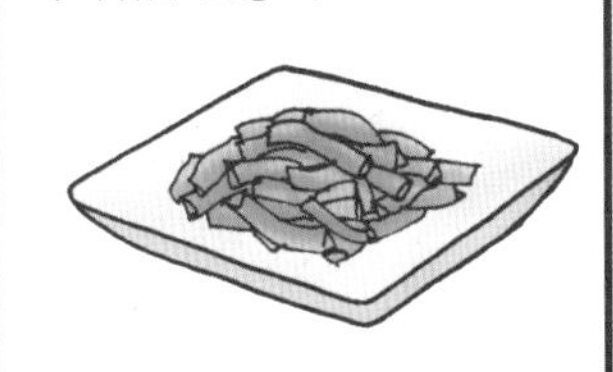

요렇게도 해보자.
갈은돼지고기를 먼저 볶고

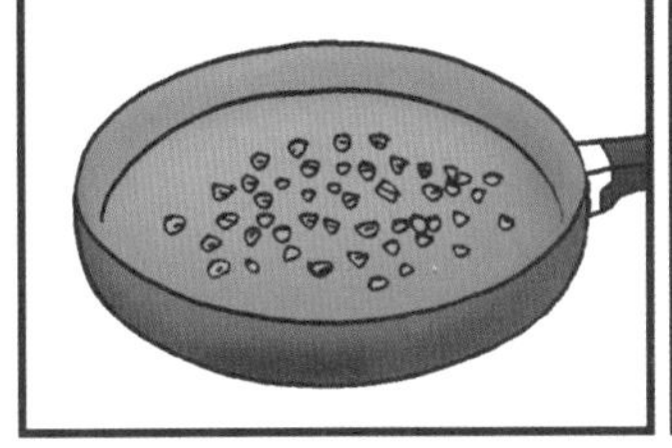

가지와 다진마늘, 대파를 넣고

간장(1숟갈), 굴소스와 두반장(1숟갈씩)을 넣고 볶으면 중국식 가지볶음이 된다.

와~
맛있다~!

병원은?

빨리 안가!
너무
무서워~

몇시에 들어와?
아 그래?
나 먼저
먹고 있을께~
그래~
조심해서
들어와~
파 라면
이 세상에서 가장 맛있는 음식은 무엇일까요?
여러 가지가 있겠지만
그것은

먹자~!
띵동
누구세요~?
나야~
일찍 왔네~
같이 먹을걸~
괜찮아~
먼저 나눠먹자!
한개 더 올리지뭐
~
그래~♥

사랑하는 사람과 함께하는 한 끼 식사입니다.

요리 찾아보기 

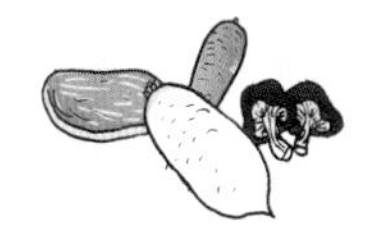